教育部首批课程思政示范课成果
教育部产学合作协同育人项目成果
配套智慧树MOOC课程

Dart编程语言

慕课版

杜春涛 ◎ 著

案例驱动，轻松掌握知识点
配套MOOC+微视频

中国铁道出版社有限公司
CHINA RAILWAY PUBLISHING HOUSE CO., LTD.

内 容 简 介

本书针对普通高等学校教学需要，基于教育部产学合作协同育人项目编写，共九章，包括Dart语言基础知识、变量和运算符、数据类型、流程控制语句、函数、面向对象编程、泛型和异常、Dart库、异步和文件操作等内容。全书采用案例式教学，每个案例采用"案例描述→实现效果→案例实现→知识要点"步骤讲解，既符合人的认知规律，又使读者具有成就感。本书配有MOOC（智慧树平台上线）和微视频，通过扫描书中二维码可以直接观看每个案例的教学视频。

本书适合作为高等院校相关课程教材，也可作为Dart语言爱好者的参考书。

图书在版编目（CIP）数据

Dart编程语言：慕课版/杜春涛著.—北京：中国铁道出版社有限公司，2024.5
ISBN 978-7-113-30764-6

Ⅰ.①D… Ⅱ.①杜… Ⅲ.①程序语言-程序设计 Ⅳ.①TP312

中国国家版本馆CIP数据核字（2023）第234205号

书　　名	Dart 编程语言（慕课版）
作　　者	杜春涛

策划编辑：	魏　娜	编辑部电话：	（010）63549501
责任编辑：	贾　星　徐盼欣		
封面设计：	刘　颖		
责任校对：	安海燕		
责任印制：	樊启鹏		

出版发行：中国铁道出版社有限公司（100054，北京市西城区右安门西街8号）
网　　址：http://www.tdpress.com/51eds/

印　　刷：河北燕山印务有限公司
版　　次：2024年5月第1版　2024年5月第1次印刷
开　　本：787 mm×1 092 mm　1/16　印张：13.75　字数：342千
书　　号：ISBN 978-7-113-30764-6
定　　价：45.00元

版权所有　侵权必究

凡购买铁道版图书，如有印制质量问题，请与本社教材图书营销部联系调换。电话：（010）63550836
打击盗版举报电话：（010）63549461

前言

党的二十大报告指出:"教育、科技、人才是全面建设社会主义现代化国家的基础性、战略性支撑。必须坚持科技是第一生产力、人才是第一资源、创新是第一动力,深入实施科教兴国战略、人才强国战略、创新驱动发展战略,开辟发展新领域新赛道,不断塑造发展新动能新优势。"这就对高校科技人才的培养和相关课程创新提出了新的要求。

Dart 是一种由谷歌公司开发的编程语言,用于构建高性能、跨平台应用程序。它具有简洁、现代化的语法,易于学习和使用。

Dart 支持面向对象编程和函数式编程,具有强类型和可选类型的特性,可用于开发 Web 应用、移动应用和服务器端应用。

Dart 拥有丰富的标准库和强大的工具生态系统,可以帮助开发者提高开发效率。此外,Dart 还具有热重载功能,可以实时更新应用程序的代码,加快开发和调试的速度。总而言之,Dart 是一种灵活、高效的编程语言,广泛适用于 Web、服务器、移动应用和物联网等各种应用场景的开发,如 Angular、Flutter 等都可以使用 Dart 语言进行开发。目前许多高校都开设了相关课程,但市面上的相关书籍大都由企业工程师编写,尚未发现高校教师编写的相关教材,因此编者总结自己的教学实践经验,基于教育部产学合作协同育人项目编写了本书。

本书共分九章,各章主要内容如下:

第 1 章:Dart 语言基础知识,包括 Dart 简介、Dart 开发环境搭建、第一个 Dart 语言程序 Hello World。

第 2 章:变量和运算符,共设计了五个案例,包括变量、常量、算术运算符、关系运算符、其他运算符。

第 3 章:数据类型,共设计了七个案例,包括 Number 数字类型、String 字符串类型、List 列表类型、Set 集合类型、Map 映射类型、enum 枚举类型、Iterable 迭代类型。

第 4 章:流程控制语句,共设计了六个案例,包括 if 语句、switch...case 语句、for 循环、for...in 和 forEach 循环、while 和 do...while 循环、跳转语句。

第 5 章:函数,共设计了七个案例,包括无参函数和位置参数函数、命名参数函数、函数和变量作用域、函数返回值类型、匿名函数和箭头函数、递归函数和闭包、函数类型的定义和使用。

第6章：面向对象编程，共设计了二十个案例，包括定义类和创建对象、默认构造函数、命名构造函数、常量构造函数、初始化列表和重定向构造函数、静态成员和实例成员、getter 和 setter、级联操作符和 call 函数、继承、继承中的构造函数、继承中构造函数的执行顺序、方法覆写、操作符覆写、抽象类、多态性、接口、mixin、多个 mixin、mixin 和接口、mixin 和多重继承。

第7章：泛型和异常，共设计了六个案例，包括泛型集合、泛型函数、泛型类、泛型接口、异常、自定义异常。

第8章：Dart 库，共设计了七个案例，包括核心库数字类、核心库字符串类、核心库 URI 类、核心库日期时间类、数学库、转换库、自定义库。

第9章：异步和文件操作，共设计了十个案例，包括 Future 异步、async 和 await 异步（一）、async 和 await 异步（二）、Stream 异步、StreamController 异步、Stream 和 StreamController 综合应用、生成器、读文件、写文件、目录操作。

本书编写特色如下：

（1）内容新颖。目前很多高校都开设"网络编程语言"等相关课程，Dart 是新一代网络编程语言，适用于前端和后端开发、移动开发以及跨平台应用等多个领域，但目前市面上的相关书籍大都由企业工程师针对项目开发编写。本书则由高校教师针对高校教学需要编写，为高校引入新一代网络编程语言教学内容和新工科建设提供了重要支持。

（2）编写体例创新。本书采用案例式教学设计，共设计了 69 个教学案例，每个案例都采用"案例描述→实现效果→案例实现→知识要点"步骤讲解，既符合人的认知规律，又使读者具有成就感，对提高教学效果很有帮助。

（3）配套资源丰富。本书采用 MOOC+ 微课模式，所有 MOOC 都已经在"智慧树平台"上线，读者也可以直接扫描书中的二维码观看每个案例的教学视频，实现了教学数字化。

本书由杜春涛著写。在著写过程中，史益芳对全书案例进行了教学实践，并提出了许多宝贵意见和建议，在此表示衷心感谢。

限于著者水平，加之时间仓促，书中难免存在疏漏和不妥之处，恳请广大读者批评指正。

本书受北方工业大学 2023 年教材出版基金、北京高等教育本科教学改革创新项目"课程思政方法研究及案例管理和推荐系统开发（京教函〔2023〕372 号）"、全国高等院校计算机基础教育研究会项目"Dart 语言课程数字化资源建设（2023-AFCEC-002）"、教育部产学合作协同育人项目"Dart 编程语言 MOOC 课程建设（202102183001）"支持。

著　者
2023 年 9 月

目录

第 1 章　Dart 语言基础知识 / 1

1.1　Dart 简介 / 1
1.2　Dart 开发环境搭建 / 2
1.3　案例：Hello World / 7
习题 1 / 9

第 2 章　变量和运算符 / 10

2.1　案例：变量 / 10
2.2　案例：常量 / 13
2.3　案例：算术运算符 / 14
2.4　案例：关系运算符 / 16
2.5　案例：其他运算符 / 17
习题 2 / 21

第 3 章　数据类型 / 23

3.1　案例：Number 数字类型 / 23
3.2　案例：String 字符串类型 / 28
3.3　案例：List 列表类型 / 32
3.4　案例：Set 集合类型 / 40
3.5　案例：Map 映射类型 / 46
3.6　案例：enum 枚举类型 / 51
3.7　案例：Iterable 迭代类型 / 53
习题 3 / 56

第 4 章　流程控制语句 / 60

4.1　案例：if 条件语句 / 60

4.2　案例：switch...case 条件语句 / 62

4.3　案例：for 循环语句 / 64

4.4　案例：for...in 和 forEach 循环语句 / 67

4.5　案例：while 和 do...while 循环语句 / 70

4.6　案例：跳转语句 / 72

习题 4 / 74

第 5 章　函数 / 81

5.1　案例：无参函数和位置参数函数 / 81

5.2　案例：命名参数函数 / 85

5.3　案例：函数和变量作用域 / 87

5.4　案例：函数返回值类型 / 88

5.5　案例：匿名函数和箭头函数 / 91

5.6　案例：递归函数和闭包 / 93

5.7　案例：函数类型的定义及使用 / 95

习题 5 / 97

第 6 章　面向对象编程 / 103

6.1　案例：定义类和创建对象 / 103

6.2　案例：默认构造函数 / 104

6.3　案例：命名构造函数 / 106

6.4　案例：常量构造函数 / 107

6.5　案例：初始化列表和重定向构造函数 / 108

6.6　案例：静态成员和实例成员 / 110

6.7　案例：getter 和 setter / 112

6.8　案例：级联操作符和 call 函数 / 113

6.9　案例：继承 / 114

6.10　案例：继承中的构造函数 / 116

6.11　案例：继承中构造函数的执行顺序 / 117

6.12　案例：方法覆写 / 118

6.13　案例：操作符覆写 / 120

6.14　案例：抽象类 / 122

6.15 案例：多态性 / 123

6.16 案例：接口 / 124

6.17 案例：mixin / 126

6.18 案例：多个 mixin / 127

6.19 案例：mixin 和接口 / 129

6.20 案例：mixin 和多重继承 / 130

习题 6 / 134

第 7 章 泛型和异常 / 143

7.1 案例：泛型集合 / 143

7.2 案例：泛型函数 / 145

7.3 案例：泛型类 / 147

7.4 案例：泛型接口 / 149

7.5 案例：异常 / 151

7.6 案例：自定义异常 / 153

习题 7 / 154

第 8 章 Dart 库 / 157

8.1 案例：核心库数字类 / 157

8.2 案例：核心库字符串类 / 160

8.3 案例：核心库 URI 类 / 166

8.4 案例：核心库日期时间类 / 168

8.5 案例：数学库 / 169

8.6 案例：转换库 / 171

8.7 案例：自定义库 / 174

习题 8 / 177

第 9 章 异步和文件操作 / 180

9.1 案例：Future 异步 / 180

9.2 案例：async 和 await 异步（一）/ 182

9.3 案例：async 和 await 异步（二）/ 183

9.4 案例：Stream 异步 / 186

9.5 案例：StreamController 异步 / 189

9.6 案例：Stream 和 StreamController 综合应用 / 192

9.7 案例：生成器 / 195

9.8 案例：读文件 / 197

9.9 案例：写文件 / 200

9.10 案例：目录操作 / 202

习题 9 / 204

附　录　习题参考答案 / 208

参考文献　/ 211

第 1 章
Dart 语言基础知识

本章概要

本章主要介绍 Dart 语言及其开发环境的搭建,最后利用一个具体示例演示 Dart 语言的编写和运行方法。

学习目标

- ◆ 了解 Dart 语言的特点和主要功能。
- ◆ 掌握 Dart 语言开发环境的搭建方法。
- ◆ 掌握 Dart 语言的编写和运行方法。

1.1 Dart 简介

Dart简介

Dart 是谷歌公司开发的计算机编程语言,后来被欧洲计算机制造商协会(European Computer Manufacturers Association,ECMA)认定为标准。Dart 被用于 Web、服务器、移动应用和物联网等领域的开发,它是宽松开源许可证(修改的 BSD 证书)下的开源软件。

Dart 是面向对象的、类定义的、单继承的语言。它的语法类似于 C 语言,可以转译为 JavaScript,支持接口(interfaces)、混入(mixins)、抽象类(abstract classes)、具体化泛型(reified generics)、可选类型(optional typing)和健全的类型系统(sound type system)。

Dart 发布于 2011 年 10 月 10 日至 12 日在丹麦奥尔胡斯举行的 GOTO 大会上,由 Lars Bak 和 Kasper Lund 创建。

ECMA 国际组织组建的技术委员会 TC52 于 2014 年 7 月批准了 Dart 语言规范第一版,于 2014 年 12 月批准了第二版。

2015 年 5 月 Dart 开发者峰会上发布了基于 Dart 语言的移动应用程序开发框架 Sky,后更名为 Flutter。

2018 年 2 月,Dart2 成为强类型语言。

Dart 语言具有以下特点:

(1)高效。Dart 语法清晰简洁,工具简单而强大,输入检测可帮助尽早识别细微错误。Dart 拥有久经考验的核心库(core libraries)和一个拥有数以千计的 packages 生态系统。

(2)运行速度快、执行性能好。Dart 是少数同时支持 JIT(just in time,即时编译)和 AOT(ahead of time,运行前编译)的语言之一。

（3）可移植。Dart 可以编译成 ARM 和 x86 代码，因此 Dart 移动应用程序可以在 iOS、Android 上实现本地运行。对于 Web 应用程序，Dart 可以转换为 JavaScript。

（4）易学。Dart 是面向对象的编程语言，如果开发人员已经了解 C++、C# 或 Java，那么使用 Dart 也就非常简单了。

（5）响应式。Dart 可以便捷进行响应式编程。由于快速对象分配和垃圾收集器的实现，因此对于管理短期对象（如 UI 小部件）更加高效。Dart 可以通过 Future 和 Stream 特性和 API 实现异步编程。

（6）一切皆对象。Dart 语言中一切皆为对象，所有对象都是类的实例，所有类都直接或间接继承 Object 类。

（7）强类型。Dart 是强类型编程语言，变量类型一旦确定就不能改变，但 Dart 语言允许弱类型语言式编程，也就是说变量的类型可以不在使用前声明。

（8）单线程。Dart 语言采用单线程模型，不存在资源竞争和状态同步问题，使用 await 和 async 异步工具可以实现异步操作。

1.2 Dart 开发环境搭建

1. 下载、安装和测试 Dart SDK

（1）下载 Dart SDK。下载地址：https://dart.dev/get-dart/archive。

图 1.1 所示是 Windows 环境下的 Dart SDK 安装包下载界面，一般选择稳定版（STABLE）的 SDK。

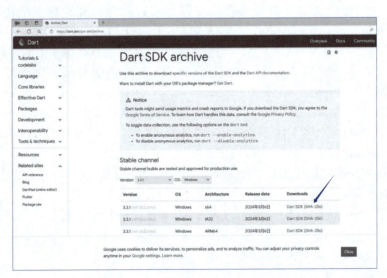

图 1.1 Windows 环境下的 Dart SDK 安装包下载界面

（2）安装 SDK。下载完成后，直接将压缩包解压到相应文件夹中，然后将文件夹 dart-sdk 添加到环境变量 Path 中，方法如下：在 Windows 操作系统左下角的搜索框中输入 env，在弹出的"系统属性"对话框中单击"环境变量"按钮，在弹出的"环境变量"对话框中的"用户变量"中选择 Path 变量，然后单击下面的"编辑"按钮，在弹出的"编辑环境变量"对话框中单击"新建"按钮，然后将 dart-sdk 文件夹添加到环境变量中，添加过程及结果如图 1.2 所示，最后单击各个对话框的"确定"按钮即可。

图 1.2　环境变量配置方法

（3）测试并查看 Dart SDK 版本号。打开命令行窗口，输入命令 dart --version 即可测试 Dart SDK 是否安装成功，如果安装成功，则会显示 SDK 的版本号，如图 1.3 所示。

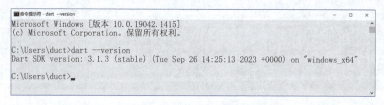

图 1.3　查看 Dart SDK 版本号

也可以利用国内网站 https://dartlang.tech/#/dartsdk 来下载压缩版本，如图 1.4 所示，然后根据自己的操作系统类型和版本号进行下载。下载后解压，将解压后的文件夹 dart-sdk 复制到相应的文件夹中，如 C:\Program Files\dart-sdk，然后将该文件夹中的 bin 目录配置到 Path 环境变量中即可。配置完成后，利用命令行窗口进行测试版本号测试，如图 1.3 所示。

图 1.4 国内 Dart SDK 安装包下载网站

2. 下载、安装和配置 Visual Studio Code

Visual Studio Code（简称 VS Code）是 Microsoft 在 2015 年 4 月 30 日 Build 开发者大会上正式发布的运行于 Mac OS X、Windows 和 Linux 之上的，针对编写现代 Web 和云应用的跨平台源代码编辑器。它具有对 JavaScript、TypeScript 和 Node.js 的内置支持，并具有丰富的其他语言（如 C++、C#、Java、Python、PHP、Go）和运行时（如.NET 和 Unity）扩展的生态系统。

该编辑器集成了所有一款现代编辑器所应该具备的特性，包括语法高亮（syntax high lighting）、可定制的热键绑定（customizable keyboard bindings）、括号匹配（bracket matching）、代码片段收集（snippets）、对 Git 开箱即用。VS Code 提供了丰富的快捷键，用户可通过快捷键【Ctrl+K+S】（按住【Ctrl】键不放,再按【K】键和【S】键）调出快捷键面板，查看全部的快捷键定义。VS Code 支持多种语言和文件格式的编写。

（1）下载。打开 VS Code 的官网：https://code.visualstudio.com/，如图 1.5 所示，根据操作系统版本直接下载即可。

图 1.5 VS Code 软件下载界面

（2）安装。直接双击下载后的程序，按照向导进行安装即可。安装后，打开 VS Code 的界面，如图 1.6 所示，最左侧的按钮从上到下分别表示 Explorer、Search、Source Control、Run、Extensions。

（3）安装 Chinese(Simplified) Language 插件。如果想使用中文界面，需要安装中文插件，安装方法是单击界面最左侧的 Extensions 图标，在弹出的图 1.7 所示的 Search Extensions in Marketplace 输入框中输入 Chinese(Simplified) Language，找到该插件后单击 Install 直接安装。安装完成后会要求自动启动中文插件，单击启动即可。如果没有提示启动中文插件，则按【F1】键，在出现的列表中输入 config，选择 Configure Display Language 列表项，在弹出的列表中选择 zh-cn，如图 1.8 所示，此时要求重新启动软件，启动后的中文界面如图 1.9 所示。

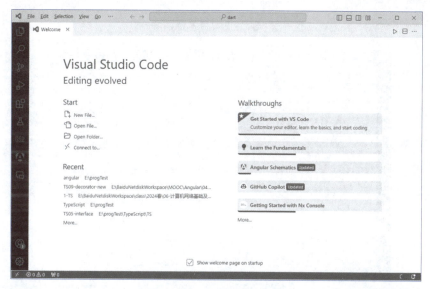

图 1.6　VS Code 初次运行界面

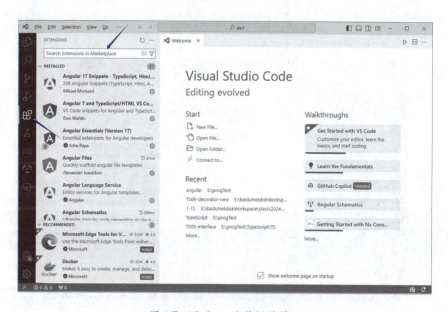

图 1.7　VS Code 安装插件界面

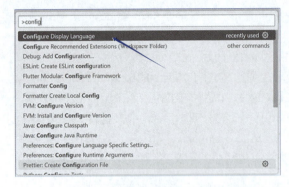 

图 1.8　VS Code 配置显示语言界面

图 1.9　VS Code 中文界面

（4）安装 Dart 插件。如果要在 VS Code 中运行 Dart 语言，需要安装该插件，如图 1.10 所示。

图 1.10　安装 Dart 插件

第1章　Dart语言基础知识

（5）安装 Code Runner 插件。该插件能够实现代码的一键运行，支持 Dart、Node.js、Python、C++、Java、PHP、Perl、Ruby、Go 等超过 40 种语言，如图 1.11 所示。

图 1.11　安装 Code Runner 插件

1.3　案例：Hello World

视频

Hello World

1.3.1　案例描述

设计一个 Dart 案例，案例运行后显示"Hello World！"。

1.3.2　实现效果

案例的实现效果如图 1.12 所示。

图 1.12　Hello World 案例的实现效果

1.3.3　案例实现

（1）在 VS Code 中打开一个文件夹。

（2）利用 VS Code 在打开的文件夹中新建一个 Dart 文件，假设文件名为 HelloWorld.dart。

（3）在 HelloWorld.dart 文件中编写如下代码：

```
main(List<String> args) {
  print('Hello World!'); // 这是打印语句,后面必须添加分号
}
```

（4）运行程序。在 HelloWorld.dart 文件中右击,在弹出的快捷菜单中选择 Run Code 选项,则在控制台的"输出"选项卡中显示运行结果。

1.3.4 知识要点

（1）Dart 文件的创建方法。

（2）Dart 代码的编写方法,其中必须有一个 main() 函数,输出可以使用 print() 函数,每条语句的后面需要使用分号。

（3）Dart 语言中的注释包括单行注释 // 和多行注释 /**/,具体如下:

```
//    单行注释
/*
     多行注释
*/
```

（4）关于 Dart 语言中的一些重要说明:
- 任何保存在变量中的值都是一个"对象",所有对象都是"类"的实例,包括数字、函数、null 等,所有对象都继承自 Object 类。
- Dart 是强类型的,但它可以推断类型,所以类型声明是可选的。
- Dart 支持泛型,如 List <int>（整数列表）或 List <dynamic>（任何类型的对象列表）。
- Dart 支持顶级函数（如 main()）,函数绑定在类或对象上（包括静态函数和实例函数）。
- Dart 支持函数内创建函数,称为"嵌套函数"或"局部函数"。
- Dart 支持顶级变量,变量绑定在类或对象上（包括静态变量和实例变量）。实例变量有时称为"字段"或"属性"。
- 与 Java 不同,Dart 中没有关键字 public、protected 和 private,如果标识符以下划线（_）开头,则表示它相对于库来说是私有的。
- 标识符以字母或下划线（_）开头,后跟任意字母和数字组合。
- Dart 语法中包含"表达式(expressions)（有运行时值）"和"语句(statements)（没有运行时值）"。例如,条件表达式 condition ? expr1 : expr2 的值可能是 expr1 或 expr2。与 if...else 语句相比较,if...else 语句没有值。一条语句通常包含一个或多个表达式,但表达式不能直接包含语句。
- Dart 运行时有两种类型的异常:警告和错误。警告只是表明代码可能无法正常工作,但不会阻止程序的执行。错误可能是编译时错误或者运行时错误,编译时错误会阻止代码的执行,而运行时错误会导致代码在执行过程中引发"异常"。

习 题 1

1. Dart 语言的入口函数是 main。 （ ）
   A．正确　　　　　　　　　　　　　B．错误
2. 利用符号 // 可以一次性注释多行。 （ ）
   A．正确　　　　　　　　　　　　　B．错误
3. 在 Dart 语言中，数字 15 也是一个对象。 （ ）
   A．正确　　　　　　　　　　　　　B．错误
4. Dart 不支持泛型。 （ ）
   A．正确　　　　　　　　　　　　　B．错误
5. Dart 不支持顶级变量和函数，只支持顶级类。 （ ）
   A．正确　　　　　　　　　　　　　B．错误
6. Dart 支持局部函数，在函数中可以定义函数。 （ ）
   A．正确　　　　　　　　　　　　　B．错误
7. 实例变量有时称为"字段"或"属性"。 （ ）
   A．正确　　　　　　　　　　　　　B．错误
8. Dart 使用关键字 public、protected 和 private 来限定类中的属性和函数的访问权限。

   （ ）
   A．正确　　　　　　　　　　　　　B．错误
9. 如果标识符以下划线"_"开头，则表示它相对于库来说是私有的。 （ ）
   A．正确　　　　　　　　　　　　　B．错误
10. Dart 运行时有两种类型的异常：警告和错误。警告只是表明代码可能无法正常工作，但不会阻止程序的执行。错误可能是编译时错误或者运行时错误，编译时错误会阻止代码的执行，而运行时错误会导致代码在执行过程中引发"异常"。 （ ）
    A．正确　　　　　　　　　　　　　B．错误

第 2 章
变量和运算符

本章概要

本章主要介绍 Dart 语言中的各种类型变量和常量的定义和使用方法,以及算术运算符、关系运算符和其他运算符的功能和使用方法。

学习目标

- ◆ 掌握各种类型变量的定义和使用方法。
- ◆ 掌握常量的定义和使用方法。
- ◆ 掌握算术运算符、关系运算符和其他运算符的功能和使用方法。

2.1 案例:变量

视频

变量

2.1.1 案例描述

设计一个案例,演示变量的定义和使用方法。

2.1.2 实现效果

案例实现效果如下:

```
v1 = 青春献礼亚运会,同爱同在向未来
v2 = 123
v3 = 100
v3 = 杭州亚运会,见证梦与爱
b = true
i = 456
d = 12.345
d = 123.0
s2 = 以杭州亚运会诠释人类命运共同体
dy = 以亚运会谱写人类命运共同体新篇章
dy = 200
object = 100
object = 奋斗诠释青春,拼搏成就梦想
```

2.1.3 案例实现

案例实现代码如下:

```
main(List<String> args) {
  // 1. 不明确类型变量的定义
  // var 定义变量，值是什么类型，变量就是什么类型
  var v1 = '青春献礼亚运会,同爱同在向未来'; //利用 var 定义变量并初始化
  print('v1 = $v1'); //v1 = 青春献礼亚运会,同爱同在向未来
  var v2 = 123;
  print('v2 = ${v2}'); //v2 = 123
  // v2 = '字符串'; //错误,不能给利用 var 定义并初始化的变量赋不同类型的值
  var v3; //利用 var 定义变量
  v3 = 100; //给变量 v3 赋 int 类型的值
  print('v3 = ${v3}'); //v3 = 100
  v3 = '杭州亚运会,见证梦与爱'; //正确,可以给没有初始化的变量赋不同类型值
  print('v3 = ${v3}'); //v3 = 杭州亚运会,见证梦与爱

  // 2. 通过指定类型定义变量
  bool b = true; //利用 bool 定义布尔类型变量
  print('b = ${b}'); //b = true
  // b=1; //错误,不能将 int 类型的值赋值给 bool 类型变量

  int i = 456; //利用 int 定义整型变量
  print('i = ${i}'); //i = 456
  // i=true; //错误,不能将 bool 类型值赋值给 int 类型变量
  // i=12.34; //错误,不能将 double 类型的值赋值给 int 类型变量
  // i='字符串'; //错误,不能将 String 类型的值赋值给 int 类型的变量

  double d = 12.345; //利用 double 定义浮点型变量并初始化
  print('d = ${d}'); //d = 12.345
  d = 123; //正确,可以将 int 类型的值赋值给 double 类型变量
  print('d = ${d}'); //d = 123.0
  String s2 = '以杭州亚运会诠释人类命运共同体';
  print('s2 = ' + s2); //s2 = 以杭州亚运会诠释人类命运共同体

  // 3. dynamic 类型变量的定义: 没有指定类型的变量的类型为 dynamic
  dynamic dy = "以亚运会谱写人类命运共同体新篇章"; //利用 dynamic 定义变量并初始化
  print('dy = $dy'); //dy = 以亚运会谱写人类命运共同体新篇章
  dy = 200; //正确,可以给 dynamic 类型变量赋予初始值类型不同的值
  print('dy = ${dy}'); //dy = 200

  // 4. Object 类型变量的定义
  Object object = 100; //利用 Object 定义变量并初始化
  print('object = ${object}'); //object = 100
  object = "奋斗诠释青春,拼搏成就梦想"; //正确
  print('object = ${object}'); //object = 奋斗诠释青春,拼搏成就梦想
}
```

2.1.4 知识要点

（1）变量的含义。变量是"存储器中的命名空间"，用于存储值。换句话说，它是程序中值的容器。变量名称是一种标识符，标识符的命名规则如下：

- 标识符必须由数字、字母、下划线或美元符（$）组成；
- 标识符开头不能是数字；
- 标识符不能是保留字和关键字；
- 标识符的名字是区分大小写的，如 age 和 Age 是不同的变量，在实际的运用中，建议尽量不要用一个单词大小写区分两个变量；
- 标识符命名一定要见名思意，从而增加代码的可读性。此外，变量名称建议用名词，方法名称建议用动词。

（2）在字符串中显示表达式值的方法。将 ${ 表达式 } 放在字符串中可以显示表达式的值。

（3）不明确类型变量的定义。利用 var 定义的变量，其类型是不确定的，Dart 会进行类型检查，即根据定义变量时所赋予的初值的类型确定变量的类型。如果利用 var 定义变量时没有初始化，则可以在后面给该变量赋不同类型的值。例如：

```
var x = "促进优质网络文化产品生产传播"; //定义变量 x 并初始化
x = "中国扶贫攻坚战取得了决定性胜利！"; //正确
// x = 100; 错误，不能将 int 类型的值赋值给 String 类型的变量
var y; //定义变量 y
y = "促进优质网络文化产品生产传播"; //正确，给变量 y 赋 String 类型的值
y = 100; //正确，给变量 y 赋 int 类型的值
```

注：使用 var 定义变量但未赋予初始值，那么变量的值为 null，类型为 Null。例如：

```
var num;
print(num == null);   // true
print(num is Null);   // true
```

（4）显式声明变量。直接使用类型关键字（如 bool、int、double、String）声明变量，例如：

```
bool b = true; //显式声明 bool 类型变量并初始化
b = false; //变量赋值
String str = "促进优质网络文化产品生产传播"; //显式声明 String 类型变量并初始化
int x = 100; //显式声明 int 类型变量并初始化
double d; //显式声明 double 类型变量
// print(d); 错误，没有赋值的变量不能直接使用
d = 12.34; //变量赋值
```

注：没有赋初值的变量都会有默认值 null，不能对没有赋值的变量直接打印输出。

（5）利用 dynamic 声明变量。利用 dynamic 声明的变量初始化后，可以将其他类型的值赋值给该变量。例如：

```
dynamic num = 123;
print(num);
num = '456';
print(num);
print(num is dynamic);    // true
print(num is String);     // true
```

dynamic 一般在使用泛型时使用，例如：

```
var list = new List<dynamic>();  //泛型，会在后面总结
list.add("hello");
list.add(123);
print(list);  // [hello, 123]
```

（6）利用 Object 声明变量。利用 Object 声明的变量初始化后，可以将其他类型的值赋值给该变量。例如：

```
Object x = "促进优质网络文化产品生产传播"; //定义变量 x 并初始化
x = 100; //正确
```

2.2 案例：常量

2.2.1 案例描述

设计一个案例，演示常量的定义和使用方法。

2.2.2 实现效果

案例实现效果如下：

```
PI = 3.14
E = 2.71828
b = false
s2 = 一起向未来
i = 200
c = 100
S1 = 促进优质网络文化产品生产传播
S2 = Beijing 2022 Winter Olympic Games and winter Paralympic Games.
S3 = Together for a Shared Future.
```

2.2.3 案例实现

案例的实现代码如下：

```
main(List<String> args) {
  const PI = 3.14; //使用 const 定义常量
  print('PI = ' + PI.toString()); //PI = 3.14
  // const X; //错误，定义时必须初始化

  const double E = 2.71828; //使用 const 后跟类型关键字定义常量
  print('E = ' + E.toString()); //E = 2.71828

  const b = false; //使用 const 定义 bool 类型常量
```

```
print('b = ' + b.toString()); //b = false
const s1 = '一起向未来';
const s2 = s1; //常量之间可以赋值
print('s2 = ' + s2); //s2 = 一起向未来
const i = 2 * 100; //将常量初始化为表达式
print('i = ' + i.toString()); //i = 200
const c = i > 100 ? 100 : 200; //将常量初始化为表达式
print('c = ' + c.toString()); //c = 100
// const t = new DateTime.now();  //错误，DateTime.now()编译时不是常数
var x1 = 100;
// const x2 = x1; //错误，不能将变量赋值给常量

final S1 = '促进优质网络文化产品生产传播'; //定义常量
print('S1 = ' + S1); //S1 = 促进优质网络文化产品生产传播
// S1 = '重新赋值'; //错误，利用final定义的常量只能赋值一次
final S2;
S2 = 'Beijing 2022 Winter Olympic Games and winter Paralympic Games.';
print('S2 = ' +
    S2); //S2 = Beijing 2022 Winter Olympic Games and winter Paralympic Games.
// S2 = '北京'; //错误，利用final定义的常量只能赋值一次
final String S3 = 'Together for a Shared Future.'; //定义指定类型常量
print('S3 = ' + S3); //S3 = Together for a Shared Future.
}
```

2.2.4 知识要点

（1）使用final和const关键字来声明常量。Dart阻止修改使用final或const关键字声明常量的值，这些关键字的后面可以跟常量的数据类型。

（2）const关键字用来表示一个编译时常数,利用const定义的常量必须初始化,而且不能后赋值。

（3）利用final定义的常量可以后赋值，即惰性初始化，但只能赋值一次。

（4）可以将表达式赋值给常量，但必须保证该表达式在编译时有明确的值，不能将编译时没有明确值的表达式赋值给常量。

（5）字符串的连接方法。可以利用"+"运算符连接字符串，但字符串不能直接和其他类型的表达式进行连接，可以利用toString()函数将其他类型表达式转换成字符串类型后再进行连接。

2.3 案例：算术运算符

视频

算术运算符

2.3.1 案例描述

设计一个案例，演示算术运算符的功能及其使用方法。

2.3.2 实现效果

案例实现效果如下：

```
Addition: 103
Subtraction: 99
Multiplication: 202
Division: 50.5
Divisible: 50
Remainder: 1
Suffix increment: 101
Prefix increment: 103
Suffix decrement: 2
Prefix decrement: 0
Negate: -103
```

2.3.3 案例实现

案例实现代码如下：

```
void main(List<String> args) {
  var num1 = 101;
  var num2 = 2;
  var result; // 该变量不能初始化，这样变量类型就可以根据需要发生变化

  result = num1 + num2; // 加法运算
  print("Addition: ${result}"); //Addition: 103

  result = num1 - num2; // 减法运算
  print("Subtraction: ${result}"); //Subtraction: 99

  result = num1 * num2; // 乘法运算
  print("Multiplication: ${result}"); //Multiplication: 202

  result = num1 / num2; // 除法运算
  print("Division: ${result}"); //Division: 50.5

  result = num1 ~/ num2; // 整除运算
  print("Divisible: ${result}"); //Divisible: 50

  result = num1 % num2; // 余数运算
  print("Remainder: ${result}"); //Remainder: 1

  result = num1++; // 后缀加 1 运算
  print("Suffix increment: ${result}"); //Suffix increment: 101

  result = ++num1; // 前缀加 1 运算
  print("Prefix increment: ${result}"); //Prefix increment: 103

  result = num2--; // 后缀减 1 运算
  print("Suffix decrement: ${result}"); //Suffix decrement: 2

  result = --num2; // 前缀减 1 运算
```

```
    print("Prefix decrement: ${result}"); //Prefix decrement: 0

    // 取负数
    result = -num1;
    print("Negate: $result"); //Negate: -103
}
```

2.3.4 知识要点

假设 num1 = 11，num2 = 2，各种算术运算符的功能说明见表 2.1。

表2.1 算术运算符

运算符	描述	实例
+	加法	num1 + num2 = 13
-	减法	num1 - num2 = 9
-expr	负号，对表达式符号取反	-num1 = -11
*	乘法	num1 * num2 = 22
/	除法	num1 / num2 = 5.5
~/	整除	num1 ~/ num2 = 5
%	获取整数除法的余数(模数)	num1 % num2 = 1
expr++	后缀增1	num1++ = 11
++expr	前缀增1	++num1 = 13
expr--	后缀减1	num2-- = 2
--expr	前缀减1	--num2 = 0

2.4 案例：关系运算符

视频

关系运算符

2.4.1 案例描述

设计一个案例，演示关系运算符的功能及其使用方法。

2.4.2 实现效果

案例实现效果如下：

```
num1 is greater than num2 : false
num1 is lesser than num2 : true
num1 is greater than or equal to num2 : false
num1 is lesser than or equal to num2 : true
num1 is not equal to num2 : true
num1 is equal to num2 : false
```

2.4.3 案例实现

案例的实现代码如下:

```dart
void main(List<String> args) {
  var num1 = 5;
  var num2 = 9;
  var res = num1 > num2; // 大于运算符
  print('num1 is greater than num2 :  ' + res.toString());

  res = num1 < num2; // 小于运算符
  print('num1 is lesser than num2 :  ' + res.toString());

  res = num1 >= num2; // 大于等于运算符
  print('num1 is greater than or equal to num2 :  ' + res.toString());

  res = num1 <= num2; // 小于等于运算符
  print('num1 is lesser than or equal to num2 :  ' + res.toString());

  res = num1 != num2; // 不等于运算符
  print('num1 is not equal to num2 :  ' + res.toString());

  res = num1 == num2; // 等于运算符
  print('num1 is equal to num2 :  ' + res.toString());
}
```

2.4.4 知识要点

假设 A=10,B=20,各种关系运算符的功能说明见表 2.2。

表 2.2 关系运算符

运算符	描述	实例
>	大于	(A > B) is false
<	小于	(A < B) is true
>=	大于等于	(A >= B) is false
<=	小于等于	(A <= B) is true
==	等于	(A==B) is false
!=	不等于	(A!=B) is true

2.5 案例:其他运算符

视频

其他运算符

2.5.1 案例描述

设计一个案例,演示赋值运算符、类型测试运算符、逻辑运算符、条件运算符的功能及使用方法。

2.5.2 实现效果

案例实现效果如下：

```
1. 简单赋值运算符：
a = 12, b = 13

2. 复合赋值运算符：
a += b : a = 25
a -= b : a = 12
a *= b : a = 156
a /= b : a = 12.0
a %= b : a = 12.0

3. 类型测试运算符：
a is int : false
a is! int : true

4. 逻辑运算符：
a = 10, b = 12
(a < b) && (b > 10) : true
(a > b) || (b < 10) : false
(a < b) || (b < 10) : true
!(a == b) : true

5. 短路运算：
a = 10
a = 10

6. 条件运算符：
10 is lesser than or equal to 10

7. ?? 运算符：
x2 = 23
```

2.5.3 案例实现

案例实现代码如下：

```dart
void main(List<String> args) {
  var a;  // 不能初始化，否则变量类型就确定了，后面就不能改变了
  var b;
  var res;
  //1. 简单赋值运算符
  print('1. 简单运算符：');
  a = 12; // 将12赋值给变量a
  b = 13;
  print('a = ${a}, b = ${b}'); //a = 12, b = 13
```

```
//2. 复合赋值运算符
print('\n2. 复合赋值运算符:');
a += b;
print("a += b : a = ${a}"); //a += b : a = 25

a -= b;
print("a -= b : a = ${a}"); //a -= b : a = 12

a *= b;
print("a *= b : a = ${a}"); //a *= b : a = 156

a /= b; // 此时a的类型转换为double
print("a /= b : a = ${a}"); //a /= b : a = 12.0

a %= b;
print("a %= b : a = ${a}"); //a %= b : a = 12.0

// 3. 类型测试运算符
print('\n3. 类型测试运算符:');
print('a is int : ${a is int} '); //a is int : false
print('a is! int : ${a is! int}'); //a is! int : true

// 4. 逻辑运算符
a = 10;
b = 12;
print('\n4. 逻辑运算符:');
print('a = ${a}, b = ${b}'); //a = 10, b = 12
res = (a < b) && (b > 10);
print('(a < b) && (b > 10) : ${res} '); //(a < b) && (b > 10) : true
res = (a > b) || (b < 10);
print('(a > b) || (b < 10) : ${res} '); //(a > b) || (b < 10) : false
res = (a < b) || (b < 10);
print('(a < b) || (b < 10) : ${res} '); //(a < b) || (b < 10) : true

res = !(a == b);
print('!(a == b) : ${res}'); //!(a == b) : true

//5. 短路运算
print('\n5. 短路运算:');
res = (a < 10 && ++a > 5);
print('a = ${a}'); //a = 10

res = (a > 5 || --a < 10);
print('a = ${a}'); //a = 10

//6. 条件运算符
print('\n6. 条件运算符:');
res = a > 12 ? "${a} is greater than 10" : "${a} is lesser than or equal to 10";
print(res); //10 is lesser than or equal to 10
```

```
//7. ??运算符：返回其中不为空的表达式执行结果
print('\n6. ??运算符:');
var x1;
var x2 = x1 ?? 23; // x1的值为空，所以将23赋值给x2
print('x2 = $x2'); // x2 = 23
}
```

2.5.4 知识要点

（1）赋值运算符。表 2.3 列出了 Dart 中可用的各种赋值运算符。

表 2.3 赋值运算符

运 算 符	描 述	实 例
=	简单赋值，将值从右侧操作数分配给左侧操作数	C = A + B 将 A + B 的值分配给 C
??=	仅当变量为 null 时才分配值	C ??= A 表示如果 C 为 null，则把 A 赋值给 C，否则 C 保留原值
+=	加和赋值，它将右操作数添加到左操作数并将结果赋给左操作数	C += A 等价于 C = C + A
-=	减和赋值，它从左操作数中减去右操作数，并将结果赋给左操作数	C -= A 等价于 C = C - A
*=	乘和赋值，它将右操作数与左操作数相乘，并将结果赋给左操作数	C *= A 等价于 C = C * A
/=	除和赋值，它将左操作数与右操作数分开，并将结果赋给左操作数	C /= A 等价于 C = C / A

（2）类型测试运算符。用于测试运算符的类型，表 2.4 列出了两种类型测试运算符。

表 2.4 类型测试运算符

运 算 符	意 义
is	如果对象是指定的类型，则为 true
is!	如果对象不是指定的类型，则返回 true

（3）逻辑运算符。用于组合两个或多个条件并返回一个布尔值。表 2.5 列出了三种逻辑运算符，其中假设变量 A 的值为 10，B 为 20。

表 2.5 逻辑运算符

运 算 符	描 述	实 例
&&	与，仅当指定的所有表达式都返回 true 时，运算符才返回 true	(A > 10 && B > 10) is false
||	或，如果指定的至少一个表达式返回 true，则运算符返回 true	(A > 10 || B > 10) is true
!	取反，运算符返回表达式结果的反函数。例如：!(7>5) 返回 false	!(A > 10) is true

（4）条件运算符。Dart 有两个运算符可用于条件表达式：

◇ 条件? expr1:expr2

如果"条件"为 true,则表达式计算并返回 expr1 的值;否则,它会计算并返回 expr2 的值。
◆ expr1 ?? expr2
如果 expr1 为非 null,则返回 expr1 的值;否则返回 expr2 的值。

习 题 2

1．Dart 标识符中可以包含符号¥。　　　　　　　　　　　　　　　　　　（　）
　　A．正确　　　　　　　　　　　　　　B．错误
2．Dart 标识符的开头可以是数字。　　　　　　　　　　　　　　　　　　（　）
　　A．正确　　　　　　　　　　　　　　B．错误
3．Dart 标识符区分大小写。　　　　　　　　　　　　　　　　　　　　　（　）
　　A．正确　　　　　　　　　　　　　　B．错误
4．将 ${表达式} 放在字符串中可以显示表达式的值。　　　　　　　　　　（　）
　　A．正确　　　　　　　　　　　　　　B．错误
5．以下代码段正确。　　　　　　　　　　　　　　　　　　　　　　　　（　）

```
var x = "a";
x = "b";
```

　　A．正确　　　　　　　　　　　　　　B．错误
6．以下代码段正确。　　　　　　　　　　　　　　　　　　　　　　　　（　）

```
var x = "a";
x = 10;
```

　　A．正确　　　　　　　　　　　　　　B．错误
7．以下代码段正确。　　　　　　　　　　　　　　　　　　　　　　　　（　）

```
var x;
x = "b";
x = 10;
```

　　A．正确　　　　　　　　　　　　　　B．错误
8．以下代码段正确。　　　　　　　　　　　　　　　　　　　　　　　　（　）

```
bool b = true;
b = 1;
```

　　A．正确　　　　　　　　　　　　　　B．错误

9．以下代码段正确。　　　　　　　　　　　　　　　　　　　　　　　　（　）

```
int x = 100;
x =1.5;
```

　　A．正确　　　　　　　　　　　　　　B．错误

10．以下代码段正确。　　　　　　　　　　　　　　　　　　　　（　　）

```
double x = 1.5;
x =100;
```

　　A．正确　　　　　　　　　　　　　　B．错误

11．以下代码段正确。　　　　　　　　　　　　　　　　　　　　（　　）

```
double d;
print(d);
```

　　A．正确　　　　　　　　　　　　　　B．错误

12．以下代码段正确。　　　　　　　　　　　　　　　　　　　　（　　）

```
dynamic num = 123;
num = '456';
```

　　A．正确　　　　　　　　　　　　　　B．错误

13．以下代码段正确。　　　　　　　　　　　　　　　　　　　　（　　）

```
var list = new List<dynamic>();
list.add("hello");
list.add(123);
```

　　A．正确　　　　　　　　　　　　　　B．错误

14．以下代码段正确。　　　　　　　　　　　　　　　　　　　　（　　）

```
Object x = "abc";
x = true;
```

　　A．正确　　　　　　　　　　　　　　B．错误

15．以下代码段正确。　　　　　　　　　　　　　　　　　　　　（　　）

```
Object x = true;
x = "abc";
```

　　A．正确　　　　　　　　　　　　　　B．错误

第 3 章

数据类型

本章概要

本章主要介绍各种数据类型，包括 Number 数字类型、String 字符串类型、List 列表类型、Set 集合类型、Map 映射类型、枚举类型、Iterable 迭代类型。

学习目标

- ◆ 掌握各种数据类型变量的定义方法。
- ◆ 掌握各种数据类型属性和方法的功能及其使用方法。

视 频

Number
数字类型

3.1 案例：Number 数字类型

3.1.1 案例描述

设计一个案例，演示 Number 数字类型变量的定义方法，以及该类型属性和方法的功能及使用方法。

3.1.2 实现效果

案例实现效果如下：

```
数字类型变量定义：
num1 = 10
num2 = 10.5
num12 = 20
num22 = 20.25

数字类型属性：
20.hashCode = 20
100.isFinite = true
100.isOdd = false
100.sign = 1

数字类型函数：
num.parse("12") = 12
num.parse("10.91") = 10.91
sqrt(10) = 3.1622776601683795
```

```
3.16.ceil() = 4
15.remainder(4) = 3.0
3.9415.truncate() = 3
5.5.round() = 6
-3.8.roundToDouble() = -4.0
10.compareTo(5) = 1
2.9.toInt() = 2
2.toDouble() = 2.0
```

3.1.3 案例实现

案例的实现代码如下:

```
import 'dart:math';

void main(List<String> args) {
  print(' 数字类型变量定义: '); // 数字类型变量定义
  int num1 = 10; // 声明一个整型变量并初始化
  double num2 = 10.50; // 声明一个浮点型变量并初始化
  num num12 = 20; // 声明一个 num 类型变量并初始化为一个整数
  num num22 = 20.25; // 声明一个 num 类型变量并初始化为一个实数
  print('num1 = ${num1}'); //num1 = 10
  print('num2 = ${num2}'); //num2 = 10.5
  print('num12 = ${num12}'); //num12 = 20
  print('num22 = ${num22}'); //num22 = 20.25

  print('\n 数字类型属性: '); // 数字类型属性
  print('20.hashCode = ${20.hashCode}'); //20.hashCode = 20
  print('100.isFinite = ${100.isFinite}'); //100.isFinite = true
  print('100.isOdd = ${100.isOdd}'); //100.isOdd = false
  print('100.sign = ${100.sign}'); //100.sign = 1

  print('\n 数字类型函数: '); // 数字类型函数
  num num3 = num.parse('12');
  num num4 = num.parse('10.91');
  print('num.parse("12") = ${num3}'); //num.parse("12") = 12
  print('num.parse("10.91") = ${num4}'); //num.parse("10.91") = 10.91

  double num5 = sqrt(10); // 求平方根
  print('sqrt(10) = ${num5}'); //sqrt(10) = 3.1622776601683795
  int num6 = 3.16.ceil(); // 返回不小于该数字的最小整数
  print('3.16.ceil() = ${num6}'); //3.16.ceil() = 4

  double num7 = 15.remainder(4); // 在分割两个数字后返回截断的余数
  print('15.remainder(4) = ${num7}'); //15.remainder(4) = 3.0
  int num8 = 3.9415.truncate(); // 丢弃任何小数位后返回一个整数
  print('3.9415.truncate() = ${num8}'); //3.9415.truncate() = 3

  int num9 = 5.5.round(); // 返回最接近当前数字的整数
```

```
    print('5.5.round() = ${num9}'); //5.5.round() = 6
    double num10 = -3.8.roundToDouble(); // 返回最接近当前数字的整数
    print('-3.8.roundToDouble() = ${num10}'); //-3.8.roundToDouble() = -4.0
    print('10.compareTo(5) = ${10.compareTo(5)}'); //10.compareTo(5) = 1
    print('2.9.toInt() = ${2.9.toInt()}'); //2.9.toInt() = 2
    print('2.toDouble() = ${2.toDouble()}'); //2.toDouble() = 2.0
}
```

3.1.4 知识要点

(1) Number 数字类型可以分为：

◇ int 类型，表示整数。

◇ double 类型，表示 64 位（双精度）浮点数，由 IEEE 754 标准规定。

◇ num 类型，是 int 和 double 的父类型。

这三种类型之间的关系如图 3.1 所示。

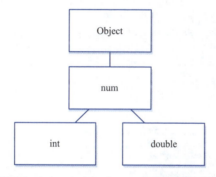

图 3.1 int、double 和 num 类型之间的关系

(2) 数字类型常用属性见表 3.1。

表 3.1 数字类型常用属性

属 性	描 述
hashcode	返回数值的哈希码
isFinite	如果数字有限则返回 true，否则返回 false
isInfinite	如果数字为正无穷大或负无穷大则返回 true，否则返回 false
isNaN	如果数字是双重非数字值则返回 true，否则返回 false
isNegative	如果数字为负返回 true，否则返回 false
sign	如果数字是负数则返回 -1，是 0 则返回 0，是正数则返回 1
isEven	如果数字是偶数则返回 true，否则返回 false
IsOdd	如果数字是奇数则返回 true，否则返回 false

(3) 数字类型常用方法。

① abs：返回数字的绝对值。示例如下：

```
print((-10).abs()); //10
```

② int ceil()：返回不小于该数字的最小整数。示例如下：

```
print(1.99999.ceil()); // 2
print(2.0.ceil()); // 2
print(2.00001.ceil()); // 3
print((-1.99999).ceil()); // -1
print((-2.0).ceil()); // -2
print((-2.00001).ceil()); // -2
```

③ int compareTo(num other)：将此数字与其他数字进行比较。示例如下：

```
print(1.compareTo(2)); // -1
print(2.compareTo(1)); // 1
print(1.compareTo(1)); // 0

print((-0.0).compareTo(0.0));    // -1
print(double.nan.compareTo(double.nan));    // 0
print(double.infinity.compareTo(double.nan)); // -1

print(-0.0 == 0.0); // => true
print(double.nan == double.nan);   // false
print(double.infinity < double.nan);   // false
print(double.nan < double.infinity);   // false
print(double.nan == double.infinity);   // false
```

④ int floor()：返回不大于当前数字的最大整数。示例如下：

```
print(1.99999.floor()); // 1
print(2.0.floor()); // 2
print(2.99999.floor()); // 2
print((-1.99999).floor()); // -2
print((-2.0).floor()); // -2
print((-2.00001).floor()); // -3
```

⑤ double remainder(num other)：在分割两个数字后返回截断的余数。示例如下：

```
print(5.remainder(3)); // 2
print(-5.remainder(3)); // -2
print(5.remainder(-3)); // 2
print(-5.remainder(-3)); // -2
```

⑥ int round()：返回最接近当前数字的整数（四舍五入）。示例如下：

```
print(3.0.round()); // 3
print(3.25.round()); // 3
print(3.5.round()); // 4
```

```
print(3.75.round()); // 4
print((-3.5).round()); // -4
```

⑦ int truncate()：丢弃任何小数位后返回一个整数。示例如下：

```
print(2.00001.truncate()); // 2
print(1.99999.truncate()); // 1
print(0.5.truncate()); // 0
print((-0.5).truncate()); // 0
print((-1.5).truncate()); // -1
print((-2.5).truncate()); // -2
```

⑧ toStringAsPrecision(int precision)：将数字转换为具有 precision 个有效数字的字符串。示例如下：

```
1.toStringAsPrecision(2);                       // 1.0
1e15.toStringAsPrecision(3);                    // 1.00e+15
1234567.toStringAsPrecision(3);                 // 1.23e+6
1234567.toStringAsPrecision(9);                 // 1234567.00
12345678901234567890.toStringAsPrecision(20);   // 12345678901234567168
12345678901234567890.toStringAsPrecision(14);   // 1.2345678901235e+19
0.00000012345.toStringAsPrecision(15);          // 1.23450000000000e-7
0.0000012345.toStringAsPrecision(15);           // 0.00000123450000000000
```

⑨ num parse(String input, [num Function(String)? onError])：num 类型静态函数，将字符串类型转换为数字类型。示例如下：

```
var value = num.parse('2021'); // 2021
value = num.parse('3.14'); // 3.14
value = num.parse('  3.14 \xA0'); // 3.14
value = num.parse('0.'); // 0.0
value = num.parse('.0'); // 0.0
value = num.parse('-1.e3'); // -1000.0
value = num.parse('1234E+7'); // 12340000000.0
value = num.parse('+.12e-9'); // 1.2e-10
value = num.parse('-NaN'); // NaN
value = num.parse('0xFF'); // 255
value = num.parse(double.infinity.toString()); // Infinity
value = num.parse('1f'); // Throws.
```

⑩ double toDouble()：将数字类型转换为 double 类型。示例如下：

```
print(12.toDouble()); // 12.0
```

⑪ int toInt()：将数字类型转换为 int 类型。示例如下：

```
print(12.8.toInt()); // 12
```

⑫ String toString()：返回数字的字符串等效表示形式。示例如下：

```
print(12.8.toString()); // 12.8
```

3.2　案例：String 字符串类型

3.2.1　案例描述

设计一个案例，演示 String 字符串类型变量的定义方法，以及该类型属性和方法的功能及使用方法。

3.2.2　实现效果

案例实现效果如下：

```
字符串的表示方法:
这是一个单行字符串
这是一个单行字符串
这是一个多行字符串,
   这是一个多行字符串.
这是一个多行字符串,
   这是一个多行字符串,
   这是一个多行字符串.

字符串的连接方法:
The concatenated string: hello world
The concatenated string: hello world
The concatenated string: hello world
The sum of 2 and 2 is 4

利用字符串属性操作字符串:
"Hello".codeUnits: [72, 101, 108, 108, 111]
'Hello'.isEmpty: false
"Hello All".length: 9

利用字符串方法操作字符串:
'ABCD'.toLowerCase(): abcd
'abcd'.toUpperCase(): ABCD
'Hello World'.replaceAll('World', 'ALL'): Hello ALL
'today is Thursday'.split(' '): [today, is, Thursday]
'Hello World'.substring(5):  World
'Hello World'.substring(2, 7): llo W
```

3.2.3　案例实现

案例的实现代码如下：

```dart
void main(List<String> args) {
  print(' 字符串的表示方法: ');
  String str11 = ' 这是一个单行字符串 ';
  String str12 = " 这是一个单行字符串";
  String str13 = ''' 这是一个多行字符串,
这是一个多行字符串.''';
  String str14 = """ 这是一个多行字符串,
这是一个多行字符串,
这是一个多行字符串.""";
  print(str11); // 这是一个单行字符串
  print(str12); // 这是一个单行字符串
  print(str13);
  print(str14);

  print('\n 字符串的连接方法: ');
  String str21 = "hello";
  String str22 = " world";
  print("The concatenated string: " + str21 + str22); // 使用 +
  print("The concatenated string: $str21$str22"); // 使用 $
  print("The concatenated string: ${str21}${str22}"); // 使用 ${}
  print("The sum of 2 and 2 is ${2 + 2}"); // 使用 ${} 计算表达式的值

  print('\n 利用字符串属性操作字符串: ');
  print('"Hello".codeUnits: ${"Hello".codeUnits}'); // 返回此字符串 UTF-16 代码单元
  print("'Hello'.isEmpty: ${'Hello'.isEmpty}"); // 判断字符串是否为空
  print('"Hello All".length: ${"Hello All".length}'); // 返回字符串的长度

  print('\n 利用字符串方法操作字符串: ');
  // 大写字母转小写
  print("'ABCD'.toLowerCase(): ${'ABCD'.toLowerCase()}");
  // 小写字母转大写
  print("'abcd'.toUpperCase(): ${'abcd'.toUpperCase()}");
  // 字符串替换
  print(
      "'Hello World'.replaceAll('World', 'ALL'): ${'Hello World'.replaceAll('World', 'ALL')}");
  // 利用空格分隔字符串
  print("'today is Thursday'.split(' '): ${'today is Thursday'.split(' ')}");
  // 返回下标 5 后面的子字符串
  print("'Hello World'.substring(5): ${'Hello World'.substring(5)}");
  // 返回下标从 2 到 6 的子字符串
  print("'Hello World'.substring(2, 7): ${'Hello World'.substring(2, 7)}");
}
```

3.2.4 知识要点

(1) String 数据类型表示一系列字符。Dart 字符串是一系列 UTF-16 代码单元。

(2) Dart 中的字符串值可以使用单引号、双引号或三引号表示,单行字符串使用单引号或双引号表示,三引号用于表示多行字符串。例如:

✧ 单引号表示：

```
String variable_name = 'value';
```

✧ 双引号表示：

```
String variable_name = ''value'';
```

✧ 三个单引号表示：

```
String variable_name = '''line1
line2''';
```

✧ 三个双引号表示：

```
String variable_name= ''''''line1
line2'''''';
```

（3）字符串插值。通过将值附加到静态字符串来创建新字符串的过程称为连接或插值，换句话说，它是将字符串添加到另一个字符串的过程。常用方法有两种：
✧ 利用运算符"+"连接/插入字符串。
✧ 利用"${ 表达式 }"插入字符串中 Dart 表达式的值。

（4）字符串类型常用属性见表 3.2。

表 3.2 字符串类型常用属性

属性	描述
codeUnits	返回此字符串的 UTF-16 代码单元的不可修改列表
isEmpty	如果字符串为空返回 true，否则返回 false
length	返回字符串的长度，包括空格、制表符和换行符

（5）字符串常用方法。

① String toLowerCase()：将字符串中的所有字符转换为小写。示例如下：

```
'ALPHABET'.toLowerCase(); // 'alphabet'
'abc'.toLowerCase(); // 'abc'
```

② String toUpperCase()：将字符串中的所有字符转换为大写。示例如下：

```
'alphabet'.toUpperCase(); // 'ALPHABET'
'ABC'.toUpperCase(); // 'ABC'
```

③ String trim()：返回没有任何前导和后缀空格的字符串。示例如下：

```
final trimmed = ' \tDart is fun\n '.trim();
```

```
print(trimmed); // 'Dart is fun'

const string1 = ' Dart ';
final string2 = string1.trim(); // 'Dart'
print(identical(string1, string2)); // false
```

④ int compareTo(String other)：将此字符串与 other 字符串进行比较，如果小于 other 字符串返回 -1，如果大于 other 字符串返回 1，如果等于 other 字符串返回 0。示例如下：

```
var relation = 'Dart'.compareTo('Go');
print(relation); // -1
relation = 'Go'.compareTo('Forward');
print(relation); // 1
relation = 'Forward'.compareTo('Forward');
print(relation); // 0
```

⑤ String replaceAll(Pattern from, String replace)：用 replace 字符串替换与 from 字符串相匹配的所有子字符串。示例如下：

```
'resume'.replaceAll(RegExp(r'e'), 'é'); // 'résumé'
```

⑥ List<String> split(Pattern pattern)：在指定分隔符的匹配处拆分字符串并返回子字符串列表。示例如下：

```
const string = 'Hello world!';
final splitted = string.split(' ');
print(splitted); // [Hello, world!];

const string = 'abba';
final re = RegExp(r'b*');
print(string.split(re)); // [a, a]

const string = 'abbaa';
final splitted = string.split('a'); // ['', 'bb', '', '']
```

⑦ String substring(int start, [int? end])：返回从下标 start（包括）开始到下标 end（不包括）为止的子字符串。示例如下：

```
const string = 'dartlang';
var result = string.substring(1); // 'artlang'
result = string.substring(1, 4); // 'art'
```

⑧ int codeUnitAt(int index)：返回给定索引处的 16 位 UTF-16 代码单元。示例如下：

```
print('abc'.codeUnitAt(1)); // 98
```

⑨ bool startsWith(Pattern pattern, [int index = 0])：判断从 index 下标位置开始字符串是否

以 pattern 开始。示例如下：

```
const string = 'Dart is open source';
print(string.startsWith('Dar')); // true
print(string.startsWith(RegExp(r'[A-Z][a-z]'))); // true

const string = 'Dart';
print(string.startsWith('art', 0)); // false
print(string.startsWith('art', 1)); // true
```

⑩ bool endsWith(String other)：判断字符串是否以 other 字符串结束。示例如下：

```
const string = 'Dart is open source';
print(string.endsWith('urce')); // true
```

⑪ String replaceFirst(Pattern from, String to, [int startIndex = 0])：从下标 startIndex 开始查找第一个 from 字符串，然后利用 to 替换，返回替换后的字符串。示例如下：

```
'0.0001'.replaceFirst(RegExp(r'0'), ''); // '.0001'
'0.0001'.replaceFirst(RegExp(r'0'), '7', 1); // '0.7001'
```

3.3 案例：List 列表类型

List列表类型

3.3.1 案例描述

设计一个案例，演示 List（列表）类型变量的定义方法，以及该类型属性和方法的功能及使用方法。

3.3.2 实现效果

案例实现效果如下：

```
1. 创建列表:
lst1 = [1, 2, 3]
lst1 = [10, 2, 3]
constantList = [10, 20, 30]
lst2 = [0, 10, 2, 3]
lst3 = [0, 10, 20, 30, 0]

2. 列表方法的使用:
lst4 = [11, 12, 13, 14, 15]
lst4.insert(1, 100) = [11, 100, 12, 13, 14, 15]
lst4.remove(12) = [11, 100, 13, 14, 15]
lst4.removeAt(1) = [11, 13, 14, 15]
lst4.elementAt(2) = 14
lst4.indexOf(100) = -1
```

```
lst4.join(' | ') = 11 | 13 | 14 | 15
```

3. 列表属性的使用：
```
lst4.length = 4
lst4.first = 11
lst4.last = 15
lst4.reversed = (15, 14, 13, 11)
lst4 = [11, 13, 14, 15]
```

4. 其他方法：
```
lst5 = [张三，李四，王五]
```

5. 遍历列表：
```
张三
李四
王五

张三
李四
王五

张三
李四
王五
```

6. where 方法：用于筛选列表元素：
```
temp = (5, 9, 6, 8)
lst7 = [5, 9, 6, 8]
```

7. any 方法：只要有一个元素符合条件就返回 true，否则返回 false：
```
true
```

8. every 方法：所有元素都符合条件才返回 true，否则返回 false：
```
false
```

3.3.3 案例实现

案例实现代码如下：

```dart
void main(List<String> args) {
  print('1. 创建列表: ');
  var lst1 = [1, 2, 3]; // 创建列表
  print('lst1 = ${lst1}'); //lst1 = [1, 2, 3]
  lst1[0] = 10; // 修改列表元素
  print('lst1 = ${lst1}'); //lst1 = [10, 2, 3]
  var constantList = const [10, 20, 30]; // 创建常列表
  print('constantList = ${constantList}'); //constantList = [10, 20, 30]
  // constantList[1] = 1; // 错误: Cannot modify an unmodifiable list
  // constantList.add(10); // 错误: Cannot add to an unmodifiable list
```

```dart
var lst2 = [0, ...lst1]; // 使用扩展操作符 (...) 把 lst1 中的所有元素插入 lst2 中
print('lst2 = ${lst2}'); //lst2 = [0, 10, 2, 3]
var lst3 = [0, ...constantList, 0]; // 把 constantList 中的所有元素插入 lst3 中
print('lst3 = ${lst3}'); //lst3 = [0, 10, 20, 30, 0]

print('\n2. 列表方法的使用: ');
List<int> lst4 = []; // 定义空列表
lst4.add(11); // 添加列表元素
lst4.add(12);
lst4.add(13);
lst4.addAll([14, 15]); // 列表拼接
print('lst4 = $lst4'); //lst4 = [11, 12, 13, 14, 15]
lst4.insert(1, 100); // 插入列表元素
print('lst4.insert(1, 100) = ${lst4}'); //[11, 100, 12, 13, 14, 15]
lst4.remove(12); // 移除列表元素 12
print('lst4.remove(12) = ${lst4}'); //[11, 100, 13, 14, 15]
lst4.removeAt(1); // 移除下标为 1 的列表元素
print('lst4.removeAt(1) = ${lst4}'); //[11, 13, 14, 15]
// 求解下标为 2 的列表元素
print('lst4.elementAt(2) = ${lst4.elementAt(2)}'); //lst4.elementAt(2) = 14
// 求解数值为 100 的列表元素的下标
print('lst4.indexOf(100) = ${lst4.indexOf(100)}'); //lst4.indexOf(100) = -1
String str = lst4.join(' | '); // 将列表元素用 " | " 连接为一个字符串
print("lst4.join(' | ') = ${str}"); //11 | 13 | 14 | 15

print('\n3. 列表属性的使用: ');
print('lst4.length = ${lst4.length}'); //lst4.length = 4
print('lst4.first = ${lst4.first}'); //lst4.first = 11
print('lst4.last = ${lst4.last}'); //lst4.last = 15
print('lst4.reversed = ${lst4.reversed}'); //(15, 14, 13, 11)
print('lst4 = $lst4'); // [11, 13, 14, 15]

print('\n4. 其他方法: ');
String name = "张三 李四 王五";
List lst5 = name.split(" "); //split 方法: 将字符串转为 List
print('lst5 = $lst5'); // [张三, 李四, 王五]

print('\n5. 遍历列表: ');
for (var i = 0; i < lst5.length; i++) {
  print(lst5[i]); // 打印所有元素
}
print(''); // 打印空行
for (var item in lst5) {
  print(item); // 打印所有元素
}
print('');
lst5.forEach((element) => print(element)); // 打印所有元素

print('\n6. where 方法: 用于筛选列表元素: ');
```

```
List llst6 = [1, 3, 5, 9, 6, 8, 1];
var temp = llst6.where((value) => value >= 5);
print('temp = $temp');   //temp = (5, 9, 6, 8)
var lst7 = temp.toList();
print('lst7 = $lst7');   //lst7 = [5, 9, 6, 8]

print('\n7. any 方法：只要有一个元素符合条件就返回 true,否则返回 false: ');
print('${lst7.any((element) => element < 6)}');  //true

print('\n8. every 方法：所有元素都符合条件才返回 true,否则返回 false: ');
print('${lst7.every((element) => element >= 6)}');  //false
}
```

3.3.4 知识要点

（1）编程中常用的集合是数组，Dart 以 List（列表）对象的形式表示数组。List 是对象的有序组。

（2）List 中的每个元素都有一个称为索引的唯一编号标识（也称下标），索引从零开始向上扩展到 $n-1$，其中 n 是 List 中元素的个数。

（3）列表常用属性。表 3.3 列出了 dart:core 库中 List 类的常用属性。

表 3.3　List 类的常用属性

属　　性	说　　明
first	返回列表中的第一个元素
isEmpty	如果集合没有元素，则返回 true
isNotEmpty	如果集合至少包含一个元素，则返回 true
length	返回列表的元素个数
last	返回列表中的最后一个元素
reversed	以相反顺序返回包含列表值的可迭代对象

（4）列表方法。

① void add(dynamic value)：将 value 添加到列表末尾。示例如下：

```
final numbers = <int>[1, 2, 3];
numbers.add(4);
print(numbers);  // [1, 2, 3, 4]
```

② void addAll(Iterable<dynamic> iterable)：将 iterable 中的所有元素添加到列表末尾。示例如下：

```
final numbers = <int>[1, 2, 3];
numbers.addAll([4, 5, 6]);
```

```
print(numbers); // [1, 2, 3, 4, 5, 6]
```

③ void insert(int index, dynamic element)：在 index 索引处插入 element。示例如下：

```
final numbers = <int>[1, 2, 3, 4];
const index = 2;
numbers.insert(index, 10);
print(numbers); // [1, 2, 10, 3, 4]
```

④ void insertAll(int index, Iterable<dynamic> iterable)：在指定索引处插入一个数组。示例如下：

```
final numbers = <int>[1, 2, 3, 4];
final insertItems = [10, 11];
numbers.insertAll(2, insertItems);
print(numbers); // [1, 2, 10, 11, 3, 4]
```

⑤ bool remove(Object? value)：从列表中删除第一次出现的 value，如果 value 在列表中，则返回 true，否则返回 false。该列表必须是可扩展的。示例如下：

```
final parts = <String>['head', 'shoulders', 'knees', 'toes'];
final retVal = parts.remove('head'); // true
print(parts); // [shoulders, knees, toes]

retVal = parts.remove('head'); // false
print(parts); // [shoulders, knees, toes]
```

⑥ dynamic removeAt(int index)：从此列表中删除位置 index 处的对象，并返回删除的值。示例如下：

```
final parts = <String>['head', 'shoulder', 'knees', 'toes'];
final retVal = parts.removeAt(2); // knees
print(parts); // [head, shoulder, toes]
```

⑦ dynamic removeLast()：删除列表中的最后一个元素。示例如下：

```
final parts = <String>['head', 'shoulder', 'knees', 'toes'];
final retVal = parts.removeLast(); // toes
print(parts); // [head, shoulder, knees]
```

⑧ void clear()：清空数组。示例如下：

```
final numbers = <int>[1, 2, 3];
numbers.clear();
print(numbers.length); // 0
print(numbers); // []
```

⑨ void removeWhere(bool Function(dynamic) test)：从列表中删除满足 test 条件的所有对象。示例如下：

```
final numbers = <String>['one', 'two', 'three', 'four'];
numbers.removeWhere((item) => item.length == 3);
print(numbers); // [three, four]
```

⑩ void removeRange(int start, int end)：删除指定索引范围内的元素（含头不含尾）。示例如下：

```
final numbers = <int>[1, 2, 3, 4, 5];
numbers.removeRange(1, 4);
print(numbers); // [1, 5]
```

⑪ void fillRange(int start, int end, [dynamic fillValue])：用相同的值替换指定索引范围内的所有元素（含头不含尾）。示例如下：

```
final words = List.filled(5, 'old');
print(words); // [old, old, old, old, old]
words.fillRange(1, 3, 'new');
print(words); // [old, new, new, old, old]
```

⑫ void replaceRange(int start, int end, Iterable<dynamic> replacements)：用 replacements 中的所有元素替换指定索引范围内的所有元素（含头不含尾）。示例如下：

```
final numbers = <int>[1, 2, 3, 4, 5];
final replacements = [6, 7];
numbers.replaceRange(1, 4, replacements);
print(numbers); // [1, 6, 7, 5]
```

⑬ void setRange(int start, int end, Iterable<dynamic> iterable, [int skipCount = 0])：使用 iterable 中跳过前面 skipCount 个数据后的数据替换数组中从 start 到 end-1 之间的值。示例如下：

```
final list1 = <int>[1, 2, 3, 4];
final list2 = <int>[5, 6, 7, 8, 9];
const skipCount = 3;
list1.setRange(1, 3, list2, skipCount);
print(list1); // [1, 8, 9, 4]
```

⑭ void setAll(int index, Iterable<dynamic> iterable)：从 index 位置开始，使用 iterable 中的所有元素依次替换掉列表中的元素。示例如下：

```
final list = <String>['a', 'b', 'c', 'd'];
list.setAll(1, ['bee', 'sea']);
print(list); // [a, bee, sea, d]
```

⑮ dynamic elementAt(int index)：获取指定索引位置处的元素。示例如下：

```
final numbers = <int>[1, 2, 3, 5, 6, 7];
final elementAt = numbers.elementAt(4); // 6
```

⑯ bool contains(Object? element)：判断列表中是否含有指定元素。示例如下：

```
final gasPlanets = <int, String>{1: 'Jupiter', 2: 'Saturn'};
final containsOne = gasPlanets.keys.contains(1); // true
final containsFive = gasPlanets.keys.contains(5); // false
final containsJupiter = gasPlanets.values.contains('Jupiter'); // true
final containsMercury = gasPlanets.values.contains('Mercury'); // false
```

⑰ int indexOf(dynamic element, [int start = 0])：从 start 位置开始找列表中的 element 元素，找到后返回元素下标，否则返回 −1。示例如下：

```
final notes = <String>['do', 're', 'mi', 're'];
print(notes.indexOf('re')); // 1

final indexWithStart = notes.indexOf('re', 2); // 3

final notes = <String>['do', 're', 'mi', 're'];
final index = notes.indexOf('fa'); // -1
a'za'a'a'ADSF]
```

⑱ Iterable<dynamic> getRange(int start, int end)：截取指定索引范围内的元素。示例如下：

```
final colors = <String>['red', 'green', 'blue', 'orange', 'pink'];
final firstRange = colors.getRange(0, 3);
print(firstRange.join(', ')); // red, green, blue

final secondRange = colors.getRange(2, 5);
print(secondRange.join(', ')); // blue, orange, pink
```

⑲ Iterable<T> whereType<T>()：从列表中筛选出指定类型的元素。示例如下：

```
List list = [1, 2, '3', '4', true, false];
print(list.whereType<String>()); //(3, 4)
```

⑳ void forEach(void Function(dynamic) action)：遍历数组中的元素。示例如下：

```
final numbers = <int>[1, 2, 6, 7];
numbers.forEach(print);
// 1
// 2
// 6
// 7
```

㉑ Iterable<T> map<T>(T Function(dynamic) toElement)：遍历数组中的所有元素，可以对元素进行处理，并返回新的 Iterable。示例如下：

```
var products = jsonDecode('''
[
  {"name": "Screwdriver", "price": 42.00},
  {"name": "Wingnut", "price": 0.50}
]
''');
var values = products.map((product) => product['price'] as double);
var totalPrice = values.fold(0.0, (a, b) => a + b); // 42.5.
```

㉒ Set<dynamic> toSet()：将 Map 转换为 Set，得到去重后的元素。示例如下：

```
final planets = <int, String>{1: 'Mercury', 2: 'Venus', 3: 'Mars'};
final valueSet = planets.values.toSet(); // {Mercury, Venus, Mars}
```

㉓ Map<int, dynamic> asMap()：将 List 转换为 Map，key 为原数组的索引，value 为原数组的元素。示例如下：

```
var words = <String>['fee', 'fi', 'fo', 'fum'];
var map = words.asMap();  // {0: fee, 1: fi, 2: fo, 3: fum}
map.keys.toList(); // [0, 1, 2, 3]
```

㉔ void sort([int Function(dynamic, dynamic)? compare])：按照指定条件对数组排序，如果没有指定条件，则按照从小到大排序（原数组发生改变）。示例如下：

```
final numbers = <int>[13, 2, -11, 0];
numbers.sort();
print(numbers); // [-11, 0, 2, 13]

final numbers = <String>['one', 'two', 'three', 'four'];
numbers.sort((a, b) => a.length.compareTo(b.length));
print(numbers); // [one, two, four, three] OR [two, one, four, three]
```

㉕ String join([String separator = ""])：用指定分隔符连接数组中的每个元素，返回连接后的字符串。示例如下：

```
final planetsByMass = <double, String>{0.06: 'Mercury', 0.81: 'Venus', 0.11: 'Mars'};
final joinedNames = planetsByMass.values.join('-'); // Mercury-Venus-Mars
```

㉖ dynamic reduce(dynamic Function(dynamic, dynamic) combine)：用指定的函数方式对数组中的所有元素做连续计算，并将计算结果返回。示例如下：

```
final numbers = <double>[10, 2, 5, 0.5];
final result = numbers.reduce((value, element) => value + element);
```

```
print(result); // 17.5
```

㉗ T fold<T>(T initialValue, T Function(T, dynamic) combine)：根据一个现有数组和一个初始参数值 initValue，利用回调函数 combine 操作现有数组中的所有元素，并返回处理的结果。示例如下：

```
final numbers = <double>[10, 2, 5, 0.5];
const initialValue = 100.0;
final result = numbers.fold<double>(
    initialValue, (previousValue, element) => previousValue + element);
print(result); // 117.5
```

㉘ void shuffle([Random? random])：随机排列指定数组（修改了原数组）。示例如下：

```
final numbers = <int>[1, 2, 3, 4, 5];
numbers.shuffle();
print(numbers); // [1, 3, 4, 5, 2] OR some other random result.
```

3.4 案例：Set 集合类型

3.4.1 案例描述

设计一个案例，演示 Set 集合类型变量的定义方法，以及其属性和方法的功能和使用方法。

3.4.2 实现效果

案例实现效果如下：

```
mySet1 = {1, 3, 5, 7, 9, 2}
subSet1 = (5, 7, 9)
subSet1 中是否有大于 7 的元素？ = true
subSet1 中每个元素都大于 5？ = false
mySet2 = {香蕉, 苹果, 100}
mySet2.toList() = [香蕉, 苹果, 100]
mySet3 = {香蕉, 苹果, 西瓜}
mySet3.toList() = [香蕉, 苹果, 西瓜]
mySet3 = {香蕉, 苹果, 西瓜, 100, true, [10.5, 西红柿, 30], {1, 3, 5, 7, 9, 2}}
mySet3.toList() = [香蕉, 苹果, 西瓜, 100, true, [10.5, 西红柿, 30], {1, 3, 5, 7, 9, 2}]
mySet3.last = {1, 3, 5, 7, 9, 2}
mySet3.length = 7

利用 forEach() 函数打印集合中的元素：
香蕉
苹果
西瓜
100
```

```
true
[10.5, 西红柿, 30]
{1, 3, 5, 7, 9, 2}

利用 for 循环打印集合中的元素：
香蕉
苹果
西瓜
100
true
[10.5, 西红柿, 30]
{1, 3, 5, 7, 9, 2}
mySet4 = {香蕉, 苹果, 西瓜}

Set 类型常用方法：
a = {java, php, python, sql, swift, dart}
b = {dart, c#, j#, e#}
b.contains('dart') = true
b.containsAll(['dart', 'swift']) = false

a.difference(b) = {java, php, python, sql, swift}
a.intersection(b) = {dart}
b.lookup('dart') = dart
b.union(a) = {dart, c#, j#, e#, java, php, python, sql, swift}
c = {dart, c#, j#, e#, java, php, python, sql, swift}
c.remove('dart') => {c#, j#, e#, java, php, python, sql, swift}
c#
c#
c => {j#, e#, java, php, python, sql, swift}
c => {e#, java, python}
c => {e#}
```

3.4.3 案例实现

案例实现代码如下：

```
void main(List<String> args) {
  // 集合定义并初始化。集合中虽然可以包含重复元素，但会被忽略
  Set mySet1 = {1, 3, 5, 7, 9, 2, 1};
  print('mySet1 = ${mySet1}'); //mySet1 = {1, 3, 5, 7, 9, 2}

  // 利用 where() 函数筛选集合中的元素构成新的子集
  var subSet1 = mySet1.where((element) => element > 3);
  print('subSet1 = ${subSet1}'); //subSet1 = (5, 7, 9)

  // 利用 any() 函数判断 subSet1 集合中是否有大于 7 的元素
  var x = subSet1.any((element) => element > 7);
  print('subSet1 中是否有大于 7 的元素？ = ${x}'); //true

  // 利用 every() 函数判断 subSet1 集合中每个元素是否都大于 5
```

```dart
var y = subSet1.every((element) => element > 5);
print('subSet1 中每个元素都大于 5？ = ${y}'); //false

var mySet2 = new Set(); //定义空集合
mySet2.add('香蕉'); //为集合变量添加元素
mySet2.add('苹果');
mySet2.add('苹果');
mySet2.add(100);
print('mySet2 = ${mySet2}'); // {香蕉，苹果，100}
print('mySet2.toList() = ${mySet2.toList()}'); // [香蕉，苹果，100]

List myList = ['香蕉', '苹果', '西瓜', '香蕉', '苹果', '香蕉', '苹果'];
var mySet3 = new Set();
mySet3.addAll(myList); //将列表转化为集合，这样可以删除列表中的重复元素
print('mySet3 = ${mySet3}'); // {香蕉，苹果，西瓜}
List newList = mySet3.toList(); //集合转列表
print('mySet3.toList() = ${newList}'); // [香蕉，苹果，西瓜]

mySet3.add(100);
mySet3.add(true);
var lst = [10.5, '西红柿', 30]; //定义列表变量并初始化
mySet3.add(lst); //将列表添加到集合
mySet3.add(mySet1); //将另一个集合添加到本集合
print('mySet3 = ${mySet3}');
// [香蕉，苹果，西瓜, 100, true, [10.5, 西红柿, 30], {1, 3, 5, 7, 9, 2}]
print('mySet3.toList() = ${mySet3.toList()}');
print('mySet3.last = ${mySet3.last}'); // {1, 3, 5, 7, 9, 2}
print('mySet3.length = ${mySet3.length}'); // 7
// print(mySet3[5]); //错误，无序集合，不能通过下标获取元素

// 遍历集合元素
print('\n 利用 forEach() 函数打印集合中的元素 :');
mySet3.forEach((element) => print(element)); // 利用 forEach() 函数打印集合中的元素

print('\n 利用 for 循环打印集合中的元素 :');
for (var item in mySet3) {
    print(item); // 利用 for 循环打印集合中的元素
}

// 利用另一种方法将 List 转化为 Set
myList = ['香蕉', '苹果', '西瓜', '香蕉', '苹果', '香蕉', '苹果'];
var mySet4 = myList.toSet(); //List 转 Set
print('mySet4 = $mySet4'); // {香蕉，苹果，西瓜}

//Set 类型的一些常用方法
print('\nSet 类型常用方法: ');
var a = new Set<String>(); //定义字符串类型集合
a.add('java'); //添加单个元素
a.add('php');
a.add('python');
a.addAll({'java', 'sql', 'swift', 'dart'}); //添加 Set
```

```
    print('a = ${a}'); // {java, php, python, sql, swift, dart}

    var b = new Set<String>(); //定义字符串类型集合
    b.addAll(['dart', 'c#', 'j#', 'e#']); //添加列表
    print('b = ${b}'); // {dart, c#, j#, e#}
    print("b.contains('dart') = ${b.contains('dart')}"); // true
    print("b.containsAll(['dart', 'swift']) = ${b.containsAll([
        'dart','swift'])}"); //false

    //集合运算
    var c = new Set();
    c = a.difference(b); //差集
    print('\na.difference(b) = $c'); // {java, php, python, sql, swift}
    c = a.intersection(b); //交集
    print('a.intersection(b) = $c'); //  {dart}
    print("b.lookup('dart') = ${b.lookup('dart')}"); // dart
    c = b.union(a); //并集
    print('b.union(a) = $c'); // {dart, c#, j#, e#, java, php, python, sql, swift}
    print('c = ${c}'); // {dart, c#, j#, e#, java, php, python, sql, swift}
    c.remove('dart');
    print("c.remove('dart') => $c"); // {c#, j#, e#, java, php, python, sql, swift}
    print(c.firstWhere((it) => it == 'c#')); // c#
    print(c.lastWhere((it) => it == 'c#')); // c#
    c.removeWhere((it) => it == 'c#'); //删除指定元素
    print('c => $c'); // {j#, e#, java, php, python, sql, swift}
    c.retainAll(['e#', 'python', 'java']);  //只保留所有指定元素
    print('c => $c'); // {e#, java, python}
    c.retainWhere((it) => it == 'e#'); //只保留指定的某一元素
    print('c => $c'); // {e#}
}
```

3.4.4 知识要点

（1）Set 是没有顺序且不能重复的集合，所以不能通过索引去获取值，它最主要的功能是去除数组中的重复元素，List 去重可以先转 Set 再转 List 。

（2）Set 类型的常用属性，见表 3.4。

表 3.4　Set 类型的常用属性

名　　称	说　　明
isEmpty	是否为空
isNotEmpty	是否不为空
first	第一个元素
last	最后一个元素
length	集合长度，即集合中元素的个数

（3）Set 类型的常用方法。

① bool add(dynamic value)：添加 value 到集合中，如果集合中以前没有 value，则返回 true，否则返回 false。示例如下：

```dart
final dateTimes = <DateTime>{};
final time1 = DateTime.fromMillisecondsSinceEpoch(0);
final time2 = DateTime.fromMillisecondsSinceEpoch(0);

final time1Added = dateTimes.add(time1);
print(time1Added); // true
final time2Added = dateTimes.add(time2);
print(time2Added); // false
print(dateTimes); // {1970-01-01 02:00:00.000}
print(dateTimes.length); // 1
```

② void addAll(Iterable<dynamic> elements)：添加多个元素到集合中。示例如下：

```dart
final characters = <String>{'A', 'B'};
characters.addAll({'A', 'B', 'C'});
print(characters); // {A, B, C}
```

③ bool contains(Object? value)：判断集合中是否包含某个元素。示例如下：

```dart
final characters = <String>{'A', 'B', 'C'};
final containsB = characters.contains('B'); // true
final containsD = characters.contains('D'); // false
```

④ bool containsAll(Iterable<Object?> other)：判断集合中是否包含某些元素。示例如下：

```dart
final characters = <String>{'A', 'B', 'C'};
final containsAB = characters.containsAll({'A', 'B'});
print(containsAB); // true
final containsAD = characters.containsAll({'A', 'D'});
print(containsAD); // false
```

⑤ Set<dynamic> difference(Set<Object?> other)：求差集。示例如下：

```dart
final characters1 = <String>{'A', 'B', 'C'};
final characters2 = <String>{'A', 'E', 'F'};
final differenceSet1 = characters1.difference(characters2);
print(differenceSet1); // {B, C}
final differenceSet2 = characters2.difference(characters1);
print(differenceSet2); // {E, F}
```

⑥ Set<dynamic> intersection(Set<Object?> other)：求交集。示例如下：

```dart
final characters1 = <String>{'A', 'B', 'C'};
```

```
final characters2 = <String>{'A', 'E', 'F'};
final intersectionSet = characters1.intersection(characters2);
print(intersectionSet); // {A}
```

⑦ Set<dynamic> union(Set<dynamic> other)：求并集。示例如下：

```
final characters1 = <String>{'A', 'B', 'C'};
final characters2 = <String>{'A', 'E', 'F'};
final unionSet1 = characters1.union(characters2);
print(unionSet1); // {A, B, C, E, F}
final unionSet2 = characters2.union(characters1);
print(unionSet2); // {A, E, F, B, C}
```

⑧ dynamic lookup(Object? object)：查询集合中的元素，若找到则返回该元素，否则返回 null。示例如下：

```
final characters = <String>{'A', 'B', 'C'};
final containsB = characters.lookup('B');
print(containsB); // B
final containsD = characters.lookup('D');
print(containsD); // null
```

⑨ bool remove(Object? value)：删除集合中的某个元素，如果集合中有 value 则返回 true，否则返回 false。示例如下：

```
final characters = <String>{'A', 'B', 'C'};
final didRemoveB = characters.remove('B'); // true
final didRemoveD = characters.remove('D'); // false
print(characters); // {A, C}
```

⑩ void removeAll(Iterable<Object?> elements)：删除集合中的多个元素。示例如下：

```
final characters = <String>{'A', 'B', 'C'};
characters.removeAll({'A', 'B', 'X'});
print(characters); // {C}
```

⑪ void clear()：清空集合。示例如下：

```
final characters = <String>{'A', 'B', 'C'};
characters.clear(); // {}
```

⑫ dynamic firstWhere(bool Function(dynamic) test, {dynamic Function()? orElse})：返回满足条件的第一个元素，如果没有满足添加的元素，则返回 orElse 回调函数的执行结果。示例如下：

```
final numbers = <int>[1, 2, 3, 5, 6, 7];
var result = numbers.firstWhere((element) => element < 5); // 1
```

```
result = numbers.firstWhere((element) => element > 5); // 6
result = numbers.firstWhere((element) => element > 10, orElse: () => -1); // -1
```

⑬ dynamic lastWhere(bool Function(dynamic) test, {dynamic Function()? orElse})：返回满足条件的最后一个元素，如果没有满足添加的元素，则返回 orElse 回调函数的执行结果。示例如下：

```
final numbers = <int>[1, 2, 3, 5, 6, 7];
var result = numbers.lastWhere((element) => element < 5); // 3
result = numbers.lastWhere((element) => element > 5); // 7
result = numbers.lastWhere((element) => element > 10, orElse: () => -1); // -1
```

⑭ void removeWhere(bool Function(dynamic) test)：按条件删除。示例如下：

```
final characters = <String>{'A', 'B', 'C'};
characters.removeWhere((element) => element.startsWith('B'));
print(characters); // {A, C}
```

⑮ void retainAll(Iterable<Object?> elements)：只保留在 element 中的所有元素。示例如下：

```
final characters = <String>{'A', 'B', 'C'};
characters.retainAll({'A', 'B', 'X'});
print(characters); // {A, B}
```

⑯ void retainWhere(bool Function(dynamic) test)：只保留满足 test 条件的所有元素。示例如下：

```
final characters = <String>{'A', 'B', 'C'};
characters.retainWhere((element) => element.startsWith('B') || element.startsWith('C'));
print(characters); // {B, C}
```

3.5 案例：Map 映射类型

Map映射类型

3.5.1 案例描述

设计一个案例，演示 Map 映射类型变量的定义，以及该类型属性和方法的功能及使用方法。

3.5.2 实现效果

案例实现效果如下：

```
1. map 类型变量的定义：
map01 = {name: 张三, age: 18}
map02 = {name: 李四, age: 20}
```

```
list = [1, 2, 3]
map03 = {0: 1, 1: 2, 2: 3}
map04 = {1: Dart, 2: Java}

2. map 的基本使用方法:
map05 = {first: Dart, 1: true, true: 2}
map05["first"] = Dart
map05[true] = 2
map05 = {first: Dart, 1: false, true: 2}

3. map 常用属性:
map06= {name: 张三, age: 18}
map06.length = 2
map06.keys = (name, age)
map06.keys.toList() = [name, age]
map06.values.toList() = [张三, 18]
map06.isEmpty = false
map06.isNotEmpty = true

4. map 常用方法:
map06 = {name: 张三, age: 18, sex: 男, like: [游泳，下棋]}
执行 map06.remove("sex") 后
map06 = {name: 张三, age: 18, like: [游泳，下棋]}
map06.containsValue("张三") = true
map06.containsValue("男") = false
map06.containsKey("name") = true
利用 forEach 循环方法输出 map:
name--张三
age--18
like--[游泳，下棋]
```

3.5.3 案例实现

案例的实现代码如下:

```
void main(List<String> args) {
  // 1. map 类型变量的定义
  print('1. map 类型变量的定义: ');
  // 1.1 利用字面量创建 map
  Map map01 = {"name": "张三", "age": 18};
  print('map01 = $map01'); // {name: 张三, age: 18}

  // 1.2 利用构造函数创建 map，注意 map 添加内容只能使用 [] 语法
  Map map02 = new Map();
  map02["name"] = "李四";
  map02["age"] = 20;
  print('map02 = $map02'); // {name: 李四, age: 20}

  // 1.3 将 list 类型转化为 map 类型
```

```dart
var list = ["1", "2", "3"];
print('list = $list'); // [1, 2, 3]
var map03 = list.asMap(); // 将 list 类型转化为 map 类型
print('map03 = $map03'); // {0: 1, 1: 2, 2: 3}

// 1.4 定义 map 常量
var map04 = const {1: "Dart", 2: "Java"}; //定义映射常量
// map04[1] = "Python"; // 错误: Cannot modify unmodifiable map
print('map04 = $map04'); // {1: Dart, 2: Java}

// 2. map 的基本使用方法
print('\n2. map 的基本使用方法: ');
var map05 = {"first": "Dart", 1: true, true: "2"}; //将键值对放在一对花括号 {} 中
print('map05 = $map05'); // {first: Dart, 1: true, true: 2}
print('map05["first"] = ${map05["first"]}'); // Dart
print('map05[true] = ${map05[true]}'); // 2
map05[1] = false; // 根据 key 修改 value
print('map05 = $map05'); //{first: Dart, 1: false, true: 2}

// 3. map 常用属性
print('\n3. map 常用属性: ');
map01 = {"name": "张三", "age": 18}; // 给 map01 赋值
Map map06 = new Map();
map06.addAll(map01); // 将 map01 中的元素添加到 map06 中

print('map06= $map06'); // {name: 张三, age: 18}
print('map06.length = ${map06.length}'); // 2
print('map06.keys = ${map06.keys}'); // (name, age)
print('map06.keys.toList() = ${map06.keys.toList()}'); // [name, age]
print('map06.values.toList() = ${map06.values.toList()}'); // [张三, 18]
print('map06.isEmpty = ${map06.isEmpty}'); // false
print('map06.isNotEmpty = ${map06.isNotEmpty}'); // true

// 4. map 常用方法
print('\n4. map 常用方法: ');
// 4.1 给集合添加内容
map06.addAll({
  "sex": "男",
  "like": ["游泳", "下棋"]
});
print('map06 = $map06'); // {name: 张三, age: 18, sex: 男, like: [游泳, 下棋]}

// 4.2 删除指定的数据
map06.remove("sex");
print(' 执行 map06.remove("sex") 后 ');
print('map06 = $map06'); // {name: 张三, age: 18, like: [游泳, 下棋]}

// 4.3 判断 map 里有没有指定的 key 或 value
print('map06.containsValue("张三") = ${map06.containsValue("张三")}'); // true
```

```
    print('map06.containsValue(" 男 ") = ${map06.containsValue(" 男 ")}'); // false
    print('map06.containsKey("name") = ${map06.containsKey("name")}'); // true

    // 4.4 forEach 循环方法
    print(' 利用 forEach 循环方法输出 map: ');
    map06.forEach((key, value) => print("$key--$value")); // 接受一个参数，集合的值
    /*运行结果：
       name-- 张三
       age--18
       like--[ 游泳 , 下棋 ]
    */
}
```

3.5.4 知识要点

（1）Map 对象是一个简单的键值对，Map 中的键和值可以是任何类型。Map 是动态集合。换句话说，Map 可以在运行时增长和缩短。

（2）可以通过两种方式声明 Map：使用 Map 字面量和使用 Map 构造函数，使用 Map 字面量是通过将键值对放在一对花括号 { } 中来实现。创建 Map 类型变量示例如下：

```
var dic = new Map(); // 创建一个 Map 实例，按照插入顺序进行排列
print(dic);    // {}

// 根据一个 Map 创建一个新的 Map, 按照插入顺序进行排列
var dic1 = new Map.from({'name': 'titan'});
print(dic1);   // {name: titan}

// 根据 List 创建 Map, 按照插入顺序进行排列
List<int> list = [1, 2, 3];
var dic2 = new Map.fromIterable(list);
print(dic2); // {1: 1, 2: 2, 3: 3}
var dic3 = new Map.fromIterable(list,
    key: (item) => item.toString(),
    value: (item) => item * item); // 设置 key 和 value 的值
print(dic3); // {1: 1, 2: 4, 3: 9}

// 两个数组映射一个字典，按照插入顺序进行排列
List<String> keys = ['name', 'age'];
var values = ['jun', 20];
// 如果有相同的 key 值，后面的值会覆盖前面的值
var dic4 = new Map.fromIterables(keys, values);
print(dic4);   // {name: jun, age: 20}

// 创建一个空的 Map, Map 允许 null 作为 key
var dic5 = new Map.identity();
print(dic5);   //{}

// 创建一个不可修改的 Map
```

```
var dic6 = new Map.unmodifiable({'name': 'titan'});
print(dic6);
//dic6.addAll({'age': 20}); //Unsupported operation: Cannot modify unmodifiable map
```

（3）Map 类型常用属性见表 3.5。

表 3.5 Map 类型常用属性

属　　性	说　　明
Keys	返回表示键的可迭代对象
Values	返回表示值的可迭代对象
Length	返回 Map 的大小
isEmpty	如果 Map 是空，则返回 true
isNotEmpty	如果 Map 不为空，则返回 true

属性应用示例：

```
var map1 = {'name': 'titan', 'age': 20};
print(map1.hashCode); // 哈希值：288472274
print(map1.runtimeType); // _InternalLinkedHashMap<String, Object>
print(map1.isEmpty); // false
print(map1.isNotEmpty); // true
print(map1.length); // 2
```

（4）Map 类型常用方法。

① List<dynamic> toList({bool growable = true})：将 Map 中的所有 key 或 value 转化为列表。示例如下：

```
final planets = <int, String>{1: 'Mercury', 2: 'Venus', 3: 'Mars'};
final keysList = planets.keys.toList(growable: false); // [1, 2, 3]
final valuesList = planets.values.toList(growable: false); // [Mercury, Venus, Mars]
```

② bool containsKey(Object? key)：判断 Map 中是否包含 key。示例如下：

```
final moonCount = <String, int>{'Mercury': 0, 'Venus': 0, 'Earth': 1,
'Mars': 2, 'Jupiter': 79, 'Saturn': 82, 'Uranus': 27, 'Neptune': 14 };
final containsUranus = moonCount.containsKey('Uranus'); // true
final containsPluto = moonCount.containsKey('Pluto'); // false
```

③ bool containsValue(Object? value)：判断 Map 中是否包含 value。示例如下：

```
final moonCount = <String, int>{'Mercury': 0, 'Venus': 0, 'Earth': 1,
'Mars': 2, 'Jupiter': 79, 'Saturn': 82, 'Uranus': 27, 'Neptune': 14 };
final moons3 = moonCount.containsValue(3); // false
final moons82 = moonCount.containsValue(82); // true
```

④ void addAll(Map<dynamic, dynamic> other)：向此映射添加其他所有键值对。示例如下：

```
final planets = <int, String>{1: 'Mercury', 2: 'Earth'};
planets.addAll({5: 'Jupiter', 6: 'Saturn'});
print(planets); // {1: Mercury, 2: Earth, 5: Jupiter, 6: Saturn}
```

⑤ dynamic remove(Object? key)：从 Map 中删除键及其关联值（如果存在）。示例如下：

```
final terrestrial = <int, String>{1: 'Mercury', 2: 'Venus', 3: 'Earth'};
final removedValue = terrestrial.remove(2); // Venus
print(terrestrial); // {1: Mercury, 3: Earth}
```

⑥ void forEach(void Function(dynamic, dynamic) action)：将 action 应用于 Map 的每个键值对。示例如下：

```
final planetsByMass = <num, String>{0.81: 'Venus', 1: 'Earth', 0.11: 'Mars', 17.15: 'Neptune'};
planetsByMass.forEach((key, value) {
  print('$key: $value');
  // 0.81: Venus
  // 1: Earth
  // 0.11: Mars
  // 17.15: Neptune
});
```

3.6 案例：enum 枚举类型

3.6.1 案例描述

设计一个案例，演示枚举类型的定义及其使用方法。

3.6.2 实现效果

案例实现效果如下：

```
[Status.none, Status.running, Status.paused, Status.stopped]
index: 0,  value: none
index: 1,  value: running
index: 2,  value: paused
index: 3,  value: stopped
running: running, 1
running index: running

currentSeason: Season.summer
currentSeason.index: 1
Season.summer: 4-6 月
2---autumn
```

3.6.3 案例实现

案例实现代码如下:

```dart
enum Status { none, running, paused, stopped } //定义emum枚举类型Status
enum Season { spring, summer, autumn, winter } //定义emum枚举类型Season

void main(List<String> args) {
  print(Status.values); // 打印Status类型的所有常量值,结果如下:
  //[Status.none, Status.running, Status.paused, Status.stopped]

  // 打印Status类型的所有常量值及其下标
  Status.values.forEach((v) => print('index: ${v.index}, \tvalue: ${v.name}'));
  /** 运行结果
     index: 0,    value: none
     index: 1,    value: running
     index: 2,    value: paused
     index: 3,    value: stopped
  */

  // 打印Status类型常量值running及其下标: running: Status.running, 1
  print('running: ${Status.running.name}, ${Status.running.index}');
  // 打印下标为1的枚举常量
  print('running index: ${Status.values[1].name}'); //running index: running

  //Season枚举类型的使用
  Season currentSeason = Season.summer;
  print('\ncurrentSeason: ${currentSeason}'); //currentSeason: Season.summer
  print('currentSeason.index: ${currentSeason.index}'); //1
  switch (currentSeason) {
    case Season.spring:
      print("$currentSeason: 1-3月");
      break;
    case Season.summer:
      print("$currentSeason: 4-6月"); //Season.summer: 4-6月
      break;
    case Season.autumn:
      print("$currentSeason: 7-9月");
      break;
    case Season.winter:
      print("$currentSeason: 10-12月");
      break;
    default:
      print('没有这个季节');
  }
  currentSeason = Season.autumn; //给Searson类型变量重新赋值
  print('${currentSeason.index}---${currentSeason.name}'); //2---autumn
}
```

3.6.4 知识要点

（1）枚举类型。用于声明一组命名的常数，当一个变量有几种可能的取值时，可以将它定义为枚举类型。

（2）枚举下标。下标 index 从 0 开始，依次累加，不能指定枚举下标的原始值。

（3）枚举类型必须在函数顶层定义，不能在函数内部定义。

（4）常用方法。

① int compareByIndex<T extends Enum>(T value1, T value2)：根据 index 比较 enum 的 value 值。示例如下：

```
enum Season { spring, summer, autumn, winter }

void main() {
  var relationByIndex = Enum.compareByIndex(Season.spring, Season.summer); // -1
  relationByIndex = Enum.compareByIndex(Season.summer, Season.spring); // 1
  relationByIndex = Enum.compareByIndex(Season.spring, Season.winter); // -1
  relationByIndex = Enum.compareByIndex(Season.winter, Season.spring); // 1
}
```

② int compareByName<T extends Enum>(T value1, T value2)：根据 name 比较 enum 的 value 值。示例如下：

```
enum Season { spring, summer, autumn, winter }

void main() {
  var seasons = [...Season.values]..sort(Enum.compareByName);
  print(seasons); // [Season.autumn, Season.spring, Season.summer, Season.winter]
}
```

3.7 案例：Iterable 迭代类型

视频

Iterable
迭代类型

3.7.1 案例描述

设计一个案例，演示 Iterable 迭代类型的定义、功能和使用方法。

3.7.2 实现效果

案例实现效果如下：

```
1. 将 List 类型赋值给 Iterable...
list = [4, 5, 6]
list.runtimeType = List<dynamic>
4
5
6
```

```
list.elementAt(0) = 4
list.first = 4
list.last = 6
list.elementAt(list.length - 1) = 6
list.map: 8
list.map: 10
list.map: 12

2. 将 Set 类型数据赋值给 Iterable...
language = {kotlin, java, C, Dart, Python}
language.runtimeType = _CompactLinkedHashSet<String>
kotlin
Python
firstElement = Dart
not found
single: Dart
every result = false
any result = true
takeWhile: kotlin
takeWhile: java

3. 直接创建 Iterable 对象并使用 ...
it = ()
it = (0, 1, 2, 3, 4)
it.toList() = [0, 1, 2, 3, 4]
it.toSet() = {0, 1, 2, 3, 4}
```

3.7.3 案例实现

案例的实现代码如下：

```
void main(List<String> args) {
  /** 1. 将 List 类型赋值给 Iterable... */
  print('1. 将 List 类型赋值给 Iterable...');
  Iterable list = [4, 5, 6]; // list 的类型为 List<int>，而 List 为 Iterable 的子类

  print('list = $list');
  print('list.runtimeType = ${list.runtimeType}'); //List<int>
  // forEach 遍历
  // for (var i in list) {
  //    print(i);
  // }
  list.forEach(print); //4 5 6

  //Iterable 不支持 [index] 的索引访问方式，但可以通过 elementAt、first 和 last 等访问
  print('list.elementAt(0) = ${list.elementAt(0)}'); //4
  print('list.first = ${list.first}'); //4
  print('list.last = ${list.last}'); //6
  print('list.elementAt(list.length - 1) = ${list.elementAt(list.length - 1)}'); //6
```

```dart
/** Mapping 可以对数据进行转换 */
var convertList = list.map((e) => e * 2);
convertList.forEach((element) => print('list.map: $element')); //8 10 12

/** 2. 将 Set 类型数据赋值给 Iterable. */
print('\n2. 将 Set 类型数据赋值给 Iterable...');
Iterable<String> language = {'kotlin', 'java', 'C', 'Dart', 'Python'};
print('language = $language'); //language = {kotlin, java, C, Dart, Python}
print('language.runtimeType = ${language.runtimeType}');
// 使用 where 进行筛选，where 中的参数可以通过多种方式传递
var subList = language.where((element) => element.length >= 5);
subList.forEach((element) => print(element)); //kotlin Python

 var firstElement = language.firstWhere((element) => element.startsWith('D'));
print('firstElement = $firstElement'); //Dart

/** firstWhere 返回符合条件的第一个元素 */
firstElement = language.firstWhere((element) => element.startsWith('S'),
    orElse: () => "not found"); // 可以通过 orElse 来指定未找到匹配元素的处理
print(firstElement); // not found

/** singleWhere 返回符合条件的元素，如果符合条件的超过一个，则抛出异常 */
var single = language.singleWhere((element) => element.contains('D'));
print("single: $single"); //Dart

// single = language.singleWhere((element) => element.length > 5);
// 抛出异常：Bad state: Too many elements

/** every 表示每个元素都满足条件时返回 true，否则返回 false */
var result = language.every((element) => element.length > 1);
print('every result = $result'); //false ('C' 的长度为 1)

/** any 表示任意一个元素满足条件时就返回 true，否则返回 false */
result = language.any((element) => element.length > 2);
print('any result = $result'); //true

/** takeWhile 表示不满足条件后遍历结束 */
subList = language.takeWhile((value) => value != 'C');
subList.forEach((element) => print('takeWhile: $element')); // kotlin java

/** 3. 直接创建 Iterable 对象并使用. */
print('\n3. 直接创建 Iterable 对象并使用...');
Iterable it = Iterable.empty(); // 创建 Iterable 空对象
print('it = $it'); //it = ()
it = Iterable.generate(5); // 创建 Iterable 对象并生成 5 个元素
print('it = $it'); //it = (0, 1, 2, 3, 4)
print('it.toList() = ${it.toList()}'); //it.toList() = [0, 1, 2, 3, 4]
print('it.toSet() = ${it.toSet()}'); //it.toSet() = {0, 1, 2, 3, 4}
}
```

3.7.4 知识要点

（1）Iterable 类型是按顺序访问的值或元素的集合，是 List 和 Set 类型的父类型。

（2）Iterable 类的构造方法。创建 Iterable 类型变量（对象）时可以使用的方法有两个：

◆ (new) Iterable<dynamic> Iterable.empty()：用于创建一个空的迭代对象。

◆ (new) Iterable<dynamic> Iterable.generate(int count, [dynamic Function(int)? generator])：用于创建包含 count 个元素的迭代对象，这 count 个元素是通过 generator 函数来创建的，如果省略该函数，默认创建 0~count-1 之间的所有整数。

（3）可以利用 toList() 函数将 Iterable 类型变量转换为 List 类型，利用 toSet() 函数将 Iterable 类型变量转换为 Set 类型，也可以直接将 List 或 Set 类型变量或数据直接赋值给 Iterable 类型变量。

（4）List 和 Set 类型中的属性和方法大都继承自 Iterable 类型，因此可以直接利用 List 和 Set 类型中的相关属性和方法来操作 Iterable 类型数据。

习 题 3

1．Number 数字类型不包括（　　）类型。

　　A．int　　　　B．float　　　　C．double　　　　D．num

2．数字类型属性 isFinite 表示（　　）。

　　A．如果数字有限则返回 true，否则返回 false

　　B．如果数字无限则返回 true，否则返回 false

　　C．如果数字为负则返回 true，否则返回 false

　　D．如果数字为正则返回 true，否则返回 false

3．数字类型属性 isEven 表示（　　）。

　　A．如果数字有限则返回 true，否则返回 false

　　B．如果数字无限则返回 true，否则返回 false

　　C．如果数字是偶数则返回 true，否则返回 false

　　D．如果数字是奇数则返回 true，否则返回 false

4．数字类型属性 sign 表示（　　）。

　　A．如果数字是负数则返回 1，是 0 则返回 0，是正数则返回 -1

　　B．如果数字是负数则返回 -1，是 0 和正数则返回 1

　　C．如果数字是负数则返回 -1，是 0 和正数则返回 -1

　　D．如果数字是负数则返回 -1，是 0 则返回 0，是正数则返回 1

5．数字类型方法 ceil 表示（　　）。

　　A．返回不大于该数字的最小整数

　　B．返回不小于该数字的最小整数

　　C．返回不大于该数字的最大整数

　　D．返回不小于该数字的最大整数

6. 数字类型方法 floor 表示（　　）。
   A．返回不大于当前数字的最小整数　　B．返回不小于当前数字的最大整数
   C．返回不大于当前数字的最大整数　　D．返回不小于当前数字的最小整数
7. Dart 中的字符串值不能使用（　　）表示。
   A．单引号　　　　B．双引号　　　　C．三引号　　　　D．四引号
8. （　　）可用于表示多行字符串。
   A．单引号　　　　B．双引号　　　　C．三引号　　　　D．四引号
9. List 类型中的 last 方法的返回值是（　　）。
   A．列表中的第一个元素　　　　　　　B．列表中的最后一个元素
   C．列表中的第二个元素　　　　　　　D．列表中的倒数第二个元素
10. 以下代码的运行结果是（　　）。

```
final numbers = <int>[1, 2, 3];
numbers.addAll([4, 5, 6]);
print(numbers);
```

   A．[1, 2, 3, 4, 5, 6]　　　　　　　　B．[4, 5, 6, 1, 2, 3]
   C．[1, 4, 2, 5, 3, 6]　　　　　　　　D．[1, 2, 3, 6, 5, 4]
11. 以下代码的运行结果是（　　）。

```
final numbers = <int>[1, 2, 3, 4];
const index = 2;
numbers.insert(index, 10);
print(numbers);
```

   A．[1, 2, 3, 4, 10]　　　　　　　　　B．[1, 2, 10, 3, 4]
   C．[1, 10, 2, 3, 4]　　　　　　　　　D．[1, 2, 3, 10, 4]
12. 以下代码的运行结果是（　　）。

```
final parts = <String>['head', 'shoulder', 'knees', 'toes'];
final retVal = parts.removeLast();
print(parts);
```

   A．[head, shoulder, knees, toes]　　B．[head, shoulder, knees]
   C．[head, shoulder]　　　　　　　　　D．[head]
13. 以下代码的运行结果是（　　）。

```
final numbers = <String>['one', 'two', 'three', 'four'];
numbers.removeWhere((item) => item.length == 3);
print(numbers);
```

   A．[one, two]　　　　　　　　　　　　B．[two, three]
   C．[three, four]　　　　　　　　　　D．[one, three]

14．以下代码的运行结果是（　　）。

```
final numbers = <int>[1, 2, 3, 4, 5];
final replacements = [6, 7];
numbers.replaceRange(1, 4, replacements);
print(numbers);
```

  A．[1, 6, 7, 4, 5]   B．[1, 2, 6, 7, 5]
  C．[1, 2, 3, 6, 7]   D．[1, 6, 7, 5]

15．以下代码的运行结果是（　　）。

```
final list = <String>['a', 'b', 'c', 'd'];
list.setAll(1, ['bee', 'sea']);
print(list);
```

  A．[a, bee, sea, d]   B．[a, bee, sea]
  C．[a, b, bee, sea, d]   D．[a, b, c, bee, sea, d]

16．以下代码的运行结果是（　　）。

```
final notes = <String>['do', 're', 'mi', 're'];
const startIndex = 2;
final index = notes.lastIndexOf('re', startIndex);
```

  A．1   B．2   C．3   D．4

17．以下代码的运行结果是（　　）。

```
final numbers = <int>[1, 2, 3, 5, 6, 7];
var result = numbers.where((x) => x < 5);
```

  A．(1, 2, 3)   B．(1, 2, 3, 5)
  C．(1, 2, 3, 5, 6)   D．(1, 2, 3, 5, 6, 7)

18．以下代码运行后，result 的值是（　　）。

```
final numbers = <int>[1, 2, 3, 5, 6, 7];
var result = numbers.firstWhere((element) => element < 5);
```

  A．1   B．2   C．3   D．5

19．以下代码运行后，result 的值是（　　）。

```
final numbers = <int>[1, 2, 3, 5, 6, 7];
var result = numbers.lastWhere((element) => element < 5);
```

  A．1   B．2   C．3   D．5

20．以下代码运行后，first 的值是（　　）。

```
final notes = <String>['do', 're', 'mi', 're'];
final first = notes.indexWhere((note) => note.startsWith('r'));
```

  A．0   B．1   C．2   D．3

21．以下代码的运行结果是（　　）。

```
final characters = <String>{'A', 'B', 'C'};
final containsAB = characters.containsAll({'A', 'B'});
print(containsAB);
```

  A．0   B．1   C．true   D．false

22．以下代码的运行结果是（　　）。

```
final characters1 = <String>{'A', 'B', 'C'};
final characters2 = <String>{'A', 'E', 'F'};
final differenceSet1 = characters1.difference(characters2);
print(differenceSet1);
```

  A．{A, B, C} B．{B, C, D} C．{B, C} D．{E, F}

23．以下代码的运行结果是（　　）。

```
final characters1 = <String>{'A', 'B', 'C'};
final characters2 = <String>{'A', 'E', 'F'};
final intersectionSet = characters1.intersection(characters2);
print(intersectionSet);
```

  A．{A, B, C} B．{A, E, F} C．{B}   D．{A}

24．以下代码的运行结果是（　　）。

```
final characters1 = <String>{'A', 'B', 'C'};
final characters2 = <String>{'A', 'E', 'F'};
final unionSet1 = characters1.union(characters2);
print(unionSet1);
```

  A．{A, B, C, A, F}   B．{A, B, C, E, A}
  C．{A, B, A, E, F}   D．{A, B, C, E, F}

25．以下代码的运行结果是（　　）。

```
final characters = <String>{'A', 'B', 'C'};
characters.removeAll({'A', 'B', 'X'});
print(characters);
```

  A．{A}   B．{B}   C．{C}   D．{X}

第 4 章
流程控制语句

本章概要

本章主要介绍 Dart 语言中的流程控制语句，包括 if 条件语句、switch...case 条件语句、for 循环语句、for...in 和 forEach 循环语句、while 和 do...while 循环语句、跳转语句。

学习目标

◆ 掌握各种条件语句的功能和使用方法。
◆ 掌握各种循环语句的功能和使用方法。
◆ 掌握各种跳转语句的功能和使用方法。

4.1 案例：if 条件语句

视频

if条件语句

4.1.1 案例描述

设计一个案例，演示 if 语句的工作原理和使用方法。

4.1.2 实现效果

案例实现效果如下：

```
1. if 语句：
a < b

2. if...else 语句：
a <= b

3. if...else if...else 语句：
良好
```

4.1.3 案例实现

案例实现代码如下：

```
void main(List<String> args) {
  var a = 10;
```

```
    var b = 20;

    //if 语句
    print('1. if 语句 :');
    if (a > b) {
      print('a > b');
    }

    if (a < b) {
      print('a < b'); //a < b
    }

    //if...else 语句
    print('\n2. if...else 语句 :');
    if (a > b) {
      print('a > b');
    } else {
      print('a <= b'); //a <= b
    }

    //if...else if...else 语句
    print('\n3. if...else if...else 语句 :');
    var score = 85;
    if (score > 100 || score < 0) {
      print('score error!');
    } else if (score < 60) {
      print(' 不及格 ');
    } else if (score < 70) {
      print(' 及格 ');
    } else if (score < 80) {
      print(' 中等 ');
    } else if (score < 90) {
      print(' 良好 '); // 良好
    } else {
      print(' 优秀 ');
    }
}
```

4.1.4　知识要点

（1）if 语句。其语法格式：

```
if(条件){
    代码块
}
```

代码执行流程如图 4.1（a）所示。

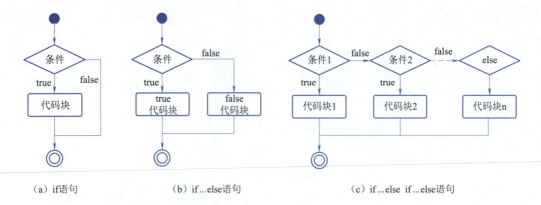

（a）if语句　　　　　　（b）if...else语句　　　　　　（c）if...else if...else语句

图 4.1　三种 if 语句的代码执行流程

（2）if...else 语句。语法格式：

```
if(条件){
    true 代码块
}else{
    false 代码块
}
```

代码执行流程如图 4.1（b）所示。

（3）if...else if...else 语句。语法格式：

```
if(条件1){
    代码块1
}else if(条件2){
    代码块2
}...else if(条件n-1){
    代码块n-1
} else{
    代码块n
}
```

代码执行流程如图 4.1（c）所示。

4.2　案例：switch...case 条件语句

视频

switch...case
条件语句

4.2.1　案例描述

设计一个案例，演示 switch...case 语句的工作原理和使用方法。

4.2.2　实现效果

案例实现效果如下：

```
Fair
```

4.2.3 案例实现

案例的实现代码如下:

```
void main(List<String> args) {
  var grade = "C";
  switch (grade) {
    case "A":
    {
      print("Excellent");
    }
    break;

    case "B":
    {
      print("Good");
    }
    break;

    case "C":
    {
      print("Fair"); //Fair
    }
    break;

    case "D":
    {
      print("Poor");
    }
    break;

    default:
    {
      print("Invalid choice");
    }
  }
}
```

4.2.4 知识要点

(1) switch…case 语句的语法格式:

```
switch(variable_expression) {
    case constant_expr1: {
        // statements1;
    }
    break;
    …
    case constant_exprN-1: {
```

```
        //statementsN-1;
    }
    break;
    default: {
        //statementsN;
    }
}
```

（2）switch...case 语句功能。针对交换机中的所有情况测试 variable_expression 的值，如果变量与其中一种情况匹配，则执行相应的代码块；如果 case 表达式与 variable_expression 的值都不匹配，则执行默认块中的代码。

（3）switch...case 语句的使用规则：
◆ switch 中可以有任意数量的 case 语句；
◆ case 后面的表达式只能是常量，不能是变量；
◆ variable_expression 和常量表达式的数据类型必须匹配；
◆ 如果 case 表达式后面有代码块，那么在代码块之后必须放置一个 break 中断，否则会报错；
◆ 如果 case 表达式后面没有代码块，则可以省略 break，此时如果 switch 后面的表达式的值与 case 表达式的值匹配，则通过该 case 将继续执行后面的 case 代码块，直到遇到 break 跳出 switch，或执行到最后退出 switch。
◆ 如果有多个 case 表达式的值相同，则执行完第一个匹配的 case 代码块后跳出 switch；
◆ default 默认块是可选的，default 默认块后面可以省略 break。

4.3 案例：for 循环语句

for循环语句

4.3.1 案例描述

设计一个案例，演示 for 循环的工作原理及使用方法。

4.3.2 实现效果

案例实现效果如下：

```
1+2+3+...+100 = 5050
100+101+102+...+200 = 15150
1+3+5+...+99 = 2500
2*2+4*4+6*6+...+100*100 = 171700
10! = 3628800
1!+2!+...+10! = 4037913
```

4.3.3 案例实现

案例实现代码如下：

```
void main(List<String> args) {
```

```
var sum = 0;
//1. 计算1~100之间所有数的和
for (int i = 1; i <= 100; i++) {
  sum += i;
}
print('1+2+3+...+100 = ${sum}'); //1+2+3+...+100 = 5050

//2. 计算100~200之间所有数的和
sum = 0;
for (int i = 100; i <= 200; i++) {
  sum += i;
}
print('100+101+102+...+200 = ${sum}'); //100+101+102+...+200 = 15150

//3. 计算1~100之间所有奇数的和
sum = 0;
for (int i = 1; i <= 100; i += 2) {
  sum += i;
}
print('1+3+5+...+99 = ${sum}'); //1+3+5+...+99 = 2500

//4. 计算1~100之间所有偶数的平方和
sum = 0;
for (int i = 2; i <= 100; i += 2) {
  sum += i * i;
}
print('2*2+4*4+6*6+...+100*100 = ${sum}'); //2*2+4*4+6*6+...+100*100 = 171700

//5. 计算10的阶乘
var fact = 1;
for (int i = 1; i < 11; i++) {
  fact *= i;
}
print('10! = ${fact}'); //10! = 3628800

//6. 计算1~10之间所有数的阶乘的和
sum = 0;
fact = 1;
for (int i = 1; i < 11; i++) {
  fact *= i;
  sum += fact;
}
print('1!+2!+...+10! = ${sum}'); //1!+2!+...+10! = 4037913
}
```

4.3.4 知识要点

（1）循环表示必须重复的一组指令。在循环上下文中，重复被称为迭代。

（2）循环分类。根据循环次数是否确定可分为确定次数循环和不确定次数循环，如

图 4.2 所示。

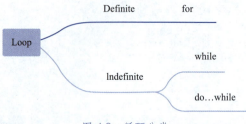

图 4.2　循环分类

（3）for 循环是一个确定次数的循环，可用于迭代一组固定的值，其语法格式为：

```
for( 循环变量初始化 ; 循环判断 ; 循环变量自增 ){
    循环体
}
```

for 循环流程图如图 4.3 所示。

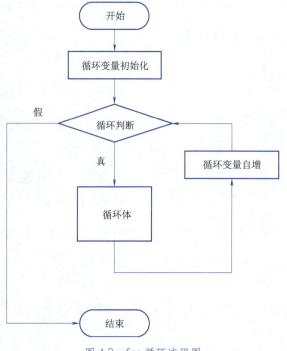

图 4.3　for 循环流程图

例如：

```
for (int i = 1; i < 3; i++){
    print(i);
}
```

执行过程：

◆ 第一步，声明变量 int i = 1;
◆ 第二步，判断 i < 3;
◆ 第三步，print(i);
◆ 第四步，i++;
◆ 第五步，从第二步再来，直到判断为 false 为止。

最后输出结果：

```
1 2
```

4.4 案例：for...in 和 forEach 循环语句

视频

for...In和for-
Each循环语句

4.4.1 案例描述

设计一个案例，演示利用 for...in 和 forEach 循环语句遍历 List、Set、Map 和 Enum 类型的实现方法。

4.4.2 实现效果

案例的实现效果如下：

```
list = [head, shoulder, knees, toes]
利用 for...in 遍历 list...
head
shoulder
knees
toes

利用 forEach 遍历 list...
head
shoulder
knees
toes

利用 forEach(print) 遍历 list...
head
shoulder
knees
toes

set = {A, B, C}
利用 for...in 遍历 set...
A
B
C
```

```
利用 forEach 遍历 set...
A
B
C


利用 forEach(print) 遍历 set...
A
B
C

map = {1: Mercury, 2: Venus, 3: Mars}
利用 forEach 遍历 map...
1---Mercury
2---Venus
3---Mars

Sesson = [Season.spring, Season.summer, Season.autumn, Season.winter]
利用 for...in 遍历 Season.values...
Season.spring
Season.summer
Season.autumn
Season.winter

利用 forEach 遍历 Season.values...
Season.spring
Season.summer
Season.autumn
Season.winter
```

4.4.3 案例实现

案例实现代码如下：

```dart
enum Season { spring, summer, autumn, winter } // 定义 emum 枚举类型 Season

void main(List<String> args) {
  // 利用 for...in 遍历 List
  final list = <String>['head', 'shoulder', 'knees', 'toes'];
  print('list = $list');
  print(' 利用 for...in 遍历 list...');
  for (var item in list) {
    print(item);
  }
  // 利用 forEach 遍历 List，参数为回调函数
  print('\n 利用 forEach 遍历 list...');
  list.forEach((element) {
    print(element);
  });
  print('\n 利用 forEach(print) 遍历 list...');
```

```
  list.forEach(print); // 利用 forEach 遍历列表,参数为 print 函数

  // 利用 for...in 遍历 Set
  final set = <String>{'A', 'B', 'C'};
  print('\nset = $set');
  print(' 利用 for...in 遍历 set...');
  for (var item in set) {
    print(item);
  }
  // 利用 forEach 遍历 Set,参数为回调函数
  print('\n 利用 forEach 遍历 set...');
  set.forEach((element) {
    print(element);
  });
  print('\n 利用 forEach(print) 遍历 set...');
  set.forEach(print); // 利用 forEach 遍历 Set,参数为 print 函数

  final map = <int, String>{1: 'Mercury', 2: 'Venus', 3: 'Mars'};
  print('\nmap = $map');
  // 利用 forEach 遍历 Map,参数为回调函数
  print(' 利用 forEach 遍历 map...');
  map.forEach((key, value) {
    print('$key---$value');
  });

  // 利用 for...in 遍历 enum 中的 values,参数为回调函数
  print('\nSeason = ${Season.values}');
  print(' 利用 for...in 遍历 Season.values...');
  for (var item in Season.values) {
    print(item);
  }
  // 利用 forEach 遍历 enum 中的 values,参数为回调函数
  print('\n 利用 forEach 遍历 Season.values...');
  Season.values.forEach((element) {
    print(element);
  });
}
```

4.4.4 知识要点

(1) for...in 循环。用于循环对象的属性,其语法格式是:

```
for (variablename in object){
    statement or block to execute
}
```

示例:

```
var obj = [12,13,14];
```

```
for (var prop in obj) {
    print(prop);
}
```

（2）forEach 循环。属于 List、Set、Map 等集合类型的方法，用于遍历集合类型中的元素，参数为回调函数。

示例：

```
list.forEach((element) {
    print(element);
});
list.forEach(print);    //可以直接使用 print 作为 forEach 函数参数
```

4.5 案例：while 和 do...while 循环语句

4.5.1 案例描述

设计一个案例，演示 while 和 do...while 循环的工作原理和使用方法。

4.5.2 实现效果

案例实现效果如下：

```
1+2+3+...+100 = 5050
sum = 25502500
1+3+5+...+99 = 2500
sum = 0
sum = 101
```

4.5.3 案例实现

案例实现代码如下：

```
import 'dart:math';

void main(List<String> args) {
    //1. 利用 while 循环计算 1~100 之间所有数的和
    num i = 1; //设置循环起点
    num sum = 0;
    while (i <= 100) {
        //设置循环终点（条件）
        sum += i;
        i++; //设置步长
    }
    print('1+2+3+...+100 = ${sum}');  //1+2+3+...+100 = 5050
```

```
//2. 利用while循环计算1~100之间所有数的立方和
i = 1;
sum = 0;
while (i <= 100) {
   //设置循环终点(条件)
   sum += pow(i, 3); //求立方和
   i++; //设置步长
}
print('sum = ${sum}'); //sum = 25502500

//3. 利用do...while循环求1~100之间所有奇数的和
i = 1;
sum = 0;
do {
   sum += i;
   i += 2;
} while (i <= 100); //最后的分号不能少
print('1+3+5+...+99 = ${sum}'); //1+3+5+...+99 = 2500

//4. while和do...while循环的区别
//4.1 while循环
i = 101;
sum = 0;
while (i <= 100) {
   sum += i;
   i++;
}
print('sum = ${sum}'); //sum = 0

//4.2 do...while循环
sum = 0;
i = 101;
do {
   sum += i;
   i++;
} while (i <= 100); //最后的分号不能少
print('sum = ${sum}'); //sum = 101
}
```

4.5.4 知识要点

（1）while循环。根据给的条件进行循环，首先判断指定条件，当指定条件值为true时执行循环体，否则退出循环。语法格式如下：

```
while(循环条件){
      循环体
}
```

示例：

```
int count = 0;
while (count < 5) {
  print(count++); // 输出结果为：0 1 2 3 4
}
print('count = $count'); // 输出结果为:count = 5
```

（2）do...while 循环。首先执行循环体，然后判断指定条件，当条件为 true 时再执行循环体，否则退出循环。语法格式如下：

```
do{
    循环体
}while(循环条件);
```

注意：

◇ do...while 循环中，while 判断条件后面的分号不能省略；
◇ 循环体中应有结束循环的条件，否则会造成死循环。

示例：

```
int count = 5;
do {
  print(--count); // 输出结果为:4 3 2 1 0
} while (count > 0 && count < 5);
print('count = $count'); // 输出结果为：count = 0
```

4.6 案例：跳转语句

跳转语句

4.6.1 案例描述

设计一个案例，演示循环中 break 和 continue 跳转语句的功能和使用方法。

4.6.2 实现效果

案例实现效果如下：

```
Break Outerloop: 0
Innerloop: 0
Innerloop: 1
Innerloop: 2
Innerloop: 3

Break Outerloop: 1
Innerloop: 0
Innerloop: 1
```

```
Innerloop: 2
Innerloop: 3

Break Outerloop: 2

Break Outerloop: 3
Innerloop: 0
Innerloop: 1
Innerloop: 2
Innerloop: 3

Break Outerloop: 4

Continue Outerloop: 0
Innerloop:0
Innerloop:2

Continue Outerloop: 1
Innerloop:0
Innerloop:2

Continue Outerloop: 2
Innerloop:0
Innerloop:2
```

4.6.3 案例实现

案例实现代码如下：

```
void main(List<String> args) {
  outerloop: // This is the label name
  for (var i = 0; i < 5; i++) {
    print("\nBreak Outerloop: ${i}");
    innerloop: // This is the label name
    for (var j = 0; j < 5; j++) {
      if (j > 3) break;// Quit the innermost loop
      if (i == 2) break innerloop;// Do the same thing
      if (i == 4) break outerloop;// Quit the outer loop
      print("Innerloop: ${j}");
    }
  }
////////////////////////////////////////
  outerloop: // This is the label name
  for (var i = 0; i < 3; i++) {
    print("\nContinue Outerloop: ${i}");
    for (var j = 0; j < 5; j++) {
      if (j == 1) {
        continue;
      }
```

```
        if (j == 3) {
            continue outerloop;
        }
        print("Innerloop:${j}");
    }
}
```

4.6.4 知识要点

（1）break 语句用来控制结构，它既可以用在 switch 语句中跳出 switch 结构，也可以在循环语句中跳出当前循环，break 后面代码将不会执行。

注意：

◇ 如果在循环中已经执行了 break 语句，就不会执行循环体中位于 break 后的语句；

◇ 在多层循环中，一个 break 语句只能向外跳出一层；

◇ 如果 break 后面带有标签，可以直接跳到标签处。

（2）continue 语句：跳过当前循环的后续语句，并执行下一次循环。

注意：continue 语句只能在循环语句中使用，使本次循环结束，即跳过循环体下面尚未执行的语句，接着进行下次的循环判断。

习 题 4

1. 在 switch...case 语句中，case 后面的表达式可以是变量。（　　）
   A．正确　　　　　　　　　　　　　B．错误
2. 在 switch...case 语句中，switch 和 case 后面的表达式的类型必须一致。（　　）
   A．正确　　　　　　　　　　　　　B．错误
3. 在 do...while 循环中，可以省略 while 判断条件后面的分号。（　　）
   A．正确　　　　　　　　　　　　　B．错误
4. 在循环语句中，break 用于跳出所在循环层的循环，而 continue 用于跳过当前循环层的循环，继续执行后面的循环。（　　）
   A．正确　　　　　　　　　　　　　B．错误
5. 以下代码的运行结果是（　　）。

```
var num = 5;
if (num > 0) {
    print("num > 0");
}
print('end');
```

   A．num > 0　　　　　　　　　　　　B．num > 0
       end
   C．end　　　　　　　　　　　　　　D．运行错误

6．以下代码的运行结果是（　　）。

```
void main() {
  var x = true, y = 10;
  if (x) {
      print('条件 x 为 $x');
  }
  if (x!=true) {
      print('条件 !x 为 $x，if 语句体得到执行。');
  }
  if (y <= 10)
      print('条件 y<=10 为 ${y <= 10}');
}
```

A．条件 x 为 true
   条件 y<=10 为 true

B．条件 x 为 true

C．条件 y<=10 为 true

D．条件 x 为 true
   条件 !x 为 true，if 语句体得到执行条件 y<=10 为 true

7．以下代码的运行结果是（　　）。

```
var num = -5;
if (num > 0) {
    print("num > 0");
} else {
    print('num <= 0');
}
print('end');
```

A．num > 0
   end

B．num > 0

C．num <= 0
   end

D．end

8．以下代码的运行结果是（　　）。

```
void main() {
  var x = true;
  if (x!=true) {
      print('if   !x: ${!x}');
  } else {
      print('else   !x: ${!x}');
```

```
    }
}
```

A. if !x : false

B. else !x : false

C. if !x : true

D. else !x : true

9. 以下代码的运行结果是(   )。

```
var num = 2;
if (num > 0) {
    print("${num} is positive");
} else if (num < 0) {
    print("${num} is negative");
} else {
    print("${num} is neither positive nor negative");
}
```

A. num is positive

B. 2 is positive

C. 2 is negative

D. 2 is neither positive nor negative

10. 以下代码的运行结果是(   )。

```
void main() {
  var x = true, y = 10;
  if (x!=true) {
      print('条件 x 为 $x');
  } else if (y <= 10) {
      print('条件 y<=10 为 ${y <= 10}');
  } else {
      print('else  !x: ${!x}。');
  }
}
```

A. 条件 x 为 true

B. 条件 y<=10 为 true

C. else !x : true。

D. 程序运行出错

11. 以下代码的运行结果是(   )。

```
var grade = "F";
switch (grade) {
  case "A":
    {
```

```
      print("相当厉害");
    }
    break;

    case "B":
    {
      print("厉害");
    }
    break;

    case "C":
    {
      print("一般");
    }
    break;

    default:
    {
      print("Invalid choice");
    }
}
```

A．相当厉害

B．厉害

C．一般

D．Invalid choice

12．以下代码的运行结果是（　　）。

```
void main() {
  var color = 'Red';
  switch (color) {
    case 'Green':
      print('color 值为 Green');
    case 'Orange':
      print('color 值为 Orange');
      break;
    case 'Red':
      print('color 值为 Red');
      break;
    default:
      print('color 值未匹配');
  }
}
```

A．color 值为 Red

B．color 值为 Green

C．color 值未匹配

D．程序运行出错

13．以下代码的运行结果是（　　）。

```
void main() {
  var color = 'Orange';
  switch (color) {
    case 'Green':
      print('color值为Green');
      break;
    case 'Orange':
    case 'Red':
      print('color值为Red');
      break;
    default:
      print('color值未匹配');
  }
}
```

A．color 值为 Red
B．color 值为 Green
C．color 值未匹配
D．程序运行出错

14．以下代码的运行结果是（　　）。

```
void main() {
  var color = 'Green';
  switch (color) {
    case 'Green':
      print('color值为Green');
      continue red;
    case 'Orange':
      print('color值为Orange');
      break;
    red:
    case 'Red':
      print('color值为Red');
      break;
    default:
      print('color值未匹配');
  }
}
```

A．color 值为 Red
B．color 值为 Green
C．color 值为 Green
　　color 值为 Red
D．color 值未匹配

15．以下代码的运行结果是（　　）。

```
outerloop: // This is the label name
for (var i = 0; i < 3; i++) {
  stdout.write("Outerloop: ${i} \t");
  innerloop:
  for (var j = 0; j < 3; j++) {
    if (j > 1) break;
    if (i == 0) break innerloop;
    if (i == 2) break outerloop;
    stdout.write("Innerloop: ${j} \t");
  }
}
```

A．Outerloop: 0　　Outerloop: 1　　Innerloop: 0　　Outerloop: 2

B．Outerloop: 0　　Innerloop: 0　　Innerloop: 1　　Outerloop: 2

C．Outerloop: 0　　Outerloop: 1　　Innerloop: 0　　Innerloop: 1

D．Outerloop: 0　　Outerloop: 1　　Innerloop: 0　　Innerloop: 1　　Outerloop: 2

16．以下代码的运行结果是（　　）。

```
var obj = [12, 13, 14];
for (var prop in obj) {
  stdout.write('${prop} \t');
}
```

A．12

B．13

C．12 13 14

D．14

17．以下代码的运行结果是（　　）。

```
var num = 3;
var factorial = 1;
while (num >= 1) {
  factorial = factorial * num;
  num--;
}
print("The factorial is ${factorial}");
```

A．The factorial is 1

B．The factorial is 2

C．The factorial is 3

D．The factorial is 6

18. 以下代码的运行结果是（   ）。

```
var n = 10;
do {
  print(n);
  n--;
} while (n >= 10);
```

  A. 0   B. 9   C. 10   D. 11

19. 以下代码的运行结果是（   ）。

```
var num = 0;
var count = 0;
for (num = 0; num <= 20; num++) {
  if (num % 2 == 0) {
    continue;
  }
  count++;
}
print("${count}");
```

  A. 5   B. 10   C. 15   D. 20

20. 以下代码的运行结果是（   ）。

```
var i = 1;
while (i <= 10) {
  if (i % 5 == 0) {
    stdout.write("${i} \t");
    break;
  }
  i++;
}
```

  A. 5
  B. 5   6
  C. 5   6   7
  D. 5   6   7   8   9   10

第 5 章

函数

本章概要

本章主要介绍函数相关内容,包括无参函数和位置参数函数、命名参数函数、函数和变量的作用域、函数返回值类型、匿名函数和箭头函数、递归函数和闭包、函数类型的定义及使用。

学习目标

- ◆ 掌握无参函数、位置参数函数和命名参数函数的功能、定义和调用方法。
- ◆ 掌握函数和变量作用域的原理和使用方法。
- ◆ 掌握不同类型返回值函数的功能、定义和调用方法。
- ◆ 掌握匿名函数、箭头函数、递归函数、闭包的功能、定义和使用方法。
- ◆ 掌握函数类型的定义和使用方法。

5.1 案例:无参函数和位置参数函数

视频

无参函数和
位置参数函数

5.1.1 案例描述

设计一个案例,演示无参函数和位置参数函数的定义和调用方法。

5.1.2 实现效果

案例实现效果如下:

```
fun01() = Nonparametric function
printUserInfo1("Zhangsan", 18) = name: Zhangsan--age: 18
printUserInfo2("Zhangsan", 18) = name: Zhangsan--age: 18
printUserInfo3() = Anonymous person
printUserInfo3("Zhangsan") = Zhangsan
printUserInfo4("Zhangsan", 18) = name: Zhangsan--age: 18
printUserInfo4("Zhangsan") = name: Zhangsan--age: null
printUserInfo5() = name: Zhangsan
printUserInfo5() = name: Lisi
printUserInfo6("小明", 18) = name: 小明--sex: 男--age:18
printUserInfo6("小红",) = name: 小红--sex: 男--age:null
printUserInfo7("小明", "女", 18) = name: 小明--sex: 女--age:18
printUserInfo7("小红", "不详") = name: 小红--sex: 不详--age:null
```

```
    sayValue = Zhangsan said that we have been lifted out of poverty
    sayValue = Zhangsan said that we have been lifted out of poverty with microphone
in Beijing
    sayValue = Zhangsan said that we have been lifted out of poverty with microphone
    sayValue = Zhangsan said that we have been lifted out of poverty in Beijing
```

5.1.3 案例实现

案例实现代码如下:

```
void main(List<String> args) {
  // 1. 无参函数的定义
  void fun01() {
    print('fun01() = Nonparametric function');
  }

  // 执行函数
  fun01();  //fun01() = Nonparametric function

  //2. 位置参数函数
  // 2.1 不限定参数类型函数
  // 函数定义
  String printUserInfo1(name, age) {
    return 'name: $name--age: $age';
  }

  // 函数调用,可以给参数传递任何类型数据,结果: name:Zhangsan--age:18
  print('printUserInfo1("Zhangsan", 18) = ${printUserInfo1("Zhangsan", 18)}');

  //2.2 限定参数类型函数
  // 函数定义
  String printUserInfo2(String name, int age) {
    return 'name: $name--age: $age';
  }

  // 函数调用,实参和形参类型和数量必须完全相同,结果: name:Zhangsan--age:18
  print('printUserInfo2("Zhangsan", 18) = ${printUserInfo2("Zhangsan", 18)}');
  // print(printUserInfo2("Zhangsan", '18')) ; // 报错,第二个参数不符合参数类型

  //2.3 可选位置参数函数,可选参数必须放在 [] 中,且参数类型后面添加"?"
  // 函数定义: 只有可选参数
  String printUserInfo3([String? name]) {
    return name ?? 'Anonymous person';
  }

  print('printUserInfo3() = ${printUserInfo3()}'); //Anonymous person
  print('printUserInfo3("Zhangsan") = ${printUserInfo3("Zhangsan")}'); // Zhangsan

  //2.4 可选参数和必选参数并存,则必选参数必须在可选参数之前
```

```dart
String printUserInfo4(String name, [int? age]) {
  return 'name: $name--age: $age';
}

print('printUserInfo4("Zhangsan", 18) = ${printUserInfo4("Zhangsan", 18)}');
print('printUserInfo4("Zhangsan") = ${printUserInfo4("Zhangsan")}');

//2.5 带有默认值的可选参数,可以省略"?"
printUserInfo5([String? name = 'Zhangsan']) {
  return 'name: $name';
}

print('printUserInfo5() = ${printUserInfo5()}'); //Zhangsan
print('printUserInfo5() = ${printUserInfo5("Lisi")}'); //Lisi

String printUserInfo6(String name, [int? age, String sex = "男"]) {
  return 'name:$name--sex:$sex--age:$age';
}

// 执行函数,结果为: name: 小明--sex: 男--age:18
print('printUserInfo6("小明", 18) = ${printUserInfo6("小明", 18)}');
// 执行函数,结果为: name: 小红--sex: 男--age:null
print('printUserInfo6("小红",) = ${printUserInfo6(
  "小红",
)}');

// 注意: 有默认值的可选参数应放在没有默认值的后面,否则没有意义,例如:
String printUserInfo7(String name, [String sex = "男", int? age]) {
  return 'name:$name--sex:$sex--age:$age';
}

// 执行函数,必须为sex默认值参数赋值,否则出错
print('printUserInfo7("小明", "女", 18) = ${printUserInfo7("小明", "女", 18)}');
// 执行函数,结果为: name: 小红--sex: 不详--age:null
print('printUserInfo7("小红", "不详") = ${printUserInfo7("小红", "不详")}');

//2.6 多个必选参数和可选参数函数定义
String say(String who, String msg, [String? device, String? where]) {
  var result;
  //2.6.1 可选参数都为空
  if (device == null && where == null) {
    result = '$who said $msg';
  }
  //2.6.2 可选参数都不为空
  if (device != null && where != null) {
    result = '$who said $msg with $device in $where';
  }
  //2.6.3 第一个可选参数为空,第二个可选参数不为空
  if (device == null && where != null) {
```

```
    result = '$who said $msg in $where';
  }
  //2.6.4 第一个可选参数不为空,第二个可选参数为空
  if (device != null && where == null) {
    result = '$who said $msg with $device';
  }
  return result;
}

// 函数调用
var sayValue = say("Zhangsan", "that we have been lifted out of poverty");

print('sayValue = $sayValue');
sayValue = say("Zhangsan", "that we have been lifted out of poverty",
    "microphone", "Beijing");
print('sayValue = $sayValue');
sayValue =
    say("Zhangsan", "that we have been lifted out of poverty", "microphone");
print('sayValue = $sayValue');
sayValue = say(
    "Zhangsan", "that we have been lifted out of poverty", null, "Beijing");
print('sayValue = $sayValue');
}
```

5.1.4 知识要点

(1) 自定义函数的基本格式:

```
返回类型   函数名称(参数1,参数2,...){
    函数体
}
```

(2) 根据参数类型对函数进行分类,如图 5.1 所示。

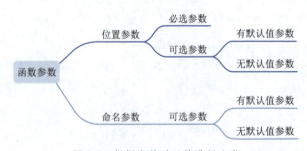

图 5.1 根据参数对函数进行分类

(3) 位置参数函数。调用函数时传入实际参数的数量和位置都必须和定义函数时保持一致。根据参数是否必须提供,可将位置参数分为必选位置参数和可选位置参数。必选位置参数是指在调用函数时必须提供的参数;可选位置参数是指在调用函数时可以提供,也可以不提供的参数。如果函数中同时具有必选位置参数和可选位置参数,则必选位置参数必须放在可

选位置参数之前。如果有多个可选位置参数，而且只想给后面的可选参数提供实参，则必须为前面的可选位置参数提供 null 值的实参。

（4）带有默认值的可选位置参数。定义函数时可以为可选位置参数提供默认值，此时可以省略参数类型后面的符号"?"。在调用函数时，可以不为带有默认值的参数提供实参，此时的实参就是默认值。

注意：带有默认值的可选参数一定要放在没有默认值可选参数的后面，否则也必须给带有默认值的可选参数赋值，这样参数的默认值就失去意义了。

5.2 案例：命名参数函数

5.2.1 案例描述

设计一个案例，演示命名参数函数的定义和使用方法。

5.2.2 实现效果

案例实现效果如下：

```
fun01(c: 10, a: 1, b: 2) = 30
fun02(c: 5) = 6.0
fun02(c: 5, b:200) = 42.0
fun03(10, c: 20, b: 30) = 158.11388300841898
fun04(10, c: 100) = 11000
fun04(10, c: 100, b:20) = 12000
printUserInfo1("小明") = name:小明--sex:null--age:null
printUserInfo1("小红", sex: "不详") = name:小红--sex:不详--age:null
printUserInfo2("小明", age: 18) = name:小明--sex:男--age:18
printUserInfo2("小红", sex: "不详") = name:小红--sex:不详--age:null
printUserInfo3("小明", age: 18) = name:小明--sex:男--age:18
printUserInfo3("小红",) = name:小红--sex:男--age:null
```

5.2.3 案例实现

案例实现代码如下：

```
import 'dart:math';

void main(List<String> args) {
  //1. 定义不指定参数类型的命名参数函数，参数用花括号括起来
  fun01({a, b, c}) {
    return (a + b) * c;
  }

  // 命名参数函数调用时，参数位置可以随意变化
  print('fun01(c: 10, a: 1, b: 2) = ${fun01(c: 10, a: 1, b: 2)}'); //30
```

```dart
//2. 定义带有默认值的命名参数函数
fun02({int a = 10, b = 20, c}) {
  return (a + b) / c;
}

print('fun02(c: 5) = ${fun02(c: 5)}'); //6.0
print('fun02(c: 5, b:200) = ${fun02(c: 5, b: 200)}'); //42.0

//3. 定义带有位置参数的命名参数函数
fun03(a, {b, c}) {
  return sqrt(a) * (b + c);
}

// 执行函数,结果为: fun03(10, c: 20, b: 30) = 158.11388300841898
print('fun03(10, c: 20, b: 30) = ${fun03(10, c: 20, b: 30)}');

//4. 带有位置参数和默认值的命名参数函数
fun04(a, {b = 10, c}) {
  return pow(a, 2) * (b + c);
}

print('fun04(10, c: 100) = ${fun04(10, c: 100)}'); // 11000
print('fun04(10, c: 100, b:20) = ${fun04(10, c: 100, b: 20)}'); //12000

//5. 定义指定参数类型的命名参数函数,命名参数没有默认值时必须在类型后添加"?"
String printUserInfo1(String name, {String? sex, int? age}) {
  return 'name:$name--sex:$sex--age:$age';
}

// 执行函数,结果为: name: 小明 --sex:null--age:null
print('printUserInfo1(" 小明 ") = ${printUserInfo1(" 小明 ")}');
// 执行函数,结果为: name: 小红 --sex: 不详 --age:null
print('printUserInfo1(" 小红 ", sex: " 不详 ") = ${printUserInfo1(" 小红 ", sex: " 不详 ")}');

//6. 定义有默认值和无默认值的、带有参数类型的命名参数,不限制前后位置
String printUserInfo2(String name, {String sex = " 男 ", int? age}) {
  return 'name:$name--sex:$sex--age:$age';
}

// 执行函数,结果为: name: 小明 --sex: 男 --age:18
print('printUserInfo2(" 小明 ", age: 18) = ${printUserInfo2(" 小明 ", age: 18)}');
// 执行函数,结果为: name: 小红 --sex: 不详 --age:null
print('printUserInfo2(" 小红 ", sex: " 不详 ") = ${printUserInfo2(" 小红 ", sex: " 不详 ")}');

String printUserInfo3(String name, {int? age, String sex = " 男 "}) {
  return 'name:$name--sex:$sex--age:$age';
}

// 执行函数,结果为: name: 小明 --sex: 男 --age:18
```

```
  print('printUserInfo3("小明", age: 18) = ${printUserInfo3("小明", age: 18)}');
  // 执行函数，结果为: name:小红--sex:男--age:null
  print('printUserInfo3("小红",) = ${printUserInfo3(
    "小红",
  )}');
}
```

5.2.4 知识要点

（1）命名参数函数就是在函数定义时给参数起了一个名字，在函数调用时必须通过参数名称给指定参数赋值。

（2）所有命名参数函数的参数都是可选的，即在调用函数时可以不为它们提供实参。

（3）命名参数函数在定义时可以指定参数类型，也可以不指定参数类型，指定类型的参数如果没有默认值，则必须在参数类型之后添加"?"，有默认值的可以不用添加。

（4）命名参数可以带有默认值，也可以没有默认值，它们之间没有前后之分。

（5）可选位置参数和命名参数不能同时使用。

5.3 案例：函数和变量作用域

5.3.1 案例描述

设计一个案例，演示全局函数和局部函数的定义和调用方法，以及全局变量和局部变量的定义和使用方法。

5.3.2 实现效果

案例实现效果如下：

```
var31 in the fun3(),
var311 in the fun31()
var31 in the fun3(),
var21 in the fun2(),
var2 in the main()
var1 outside the main()
var11 in the fun1()
var1 outside the main()
```

5.3.3 案例实现

案例实现代码如下：

```
// 定义main()函数之外的全局变量
String var1 = 'var1 outside the main()';
// 定义main()函数之外的全局函数
void fun1() {
  String var11 = 'var11 in the fun1()';
  print(var11); // 使用同层变量
```

```dart
    print(var1); // 使用最外层变量
}

void main(List<String> args) {
  String var2 = 'var2 in the main()'; //main() 函数之内的局部变量
  // 定义 main() 函数之内的函数
  void fun2() {
    String var21 = 'var21 in the fun2(), ';
    print(var21); // 使用同层变量
    print(var2);  // 使用外层变量
    print(var1);  // 使用最外层变量
  }

  void fun3() {
    String var31 = 'var31 in the fun3(), ';
    print(var31); // 使用同层变量
    // print(var21); // 错误,不能使用其他函数中定义的变量
    void fun31() {
      String var311 = 'var311 in the fun31()';
      print(var311); // 使用同层变量
      print(var31);
    }

    // print(var311); // 错误,不能使用其他函数中定义的变量
    fun31(); // 调用同层函数
    fun2();  // 调用外层函数
    fun1();  // 调用最外层函数
  }

  fun3(); // 调用同层函数
}
```

5.3.4 知识要点

（1）变量作用域。变量可以定义在所有函数的外部，也可以定义在函数内部，在函数内部定义的变量可以进行多层嵌套。一个变量只能被所在层及其内层的函数访问，不能被其外层函数所访问。

（2）函数作用域。Dart 语言有一个默认的入口函数 main()，main() 函数及其与 main() 函数在同一层的函数称为顶层函数。Dart 允许在函数内部定义函数,函数定义可以进行多层嵌套。一个函数只能调用所在层及其外层定义的函数，不能调用其内层定义的函数。

5.4 案例：函数返回值类型

5.4.1 案例描述

设计一个案例，演示各种类型返回值函数的定义和调用方法。

视频

函数返回值类型

5.4.2 实现效果

案例实现效果如下：

```
noReturn1(int score) = null
noReturn2(int score) = 及格
void returnVoid() 函数被调用
returnInt() = 123
returnString() = 我是字符串
returnBoolean() = true
returnList() = [a, b, c]
returnSet() = {100, abc, true, 32.56, [a, b, c]}
returnMap() = {name: zhangsan, age: 18}
```

5.4.3 案例实现

案例实现代码如下：

```dart
void main(List<String> args) {
  // 无返回值类型函数的定义，函数可以返回任意类型
  noReturn1() {
    return null; // 返回 null 类型
  }

  noReturn2(int score) {
    return score < 60 ? '不及格' : '及格'; // 返回字符串类型
  }

  // 无返回值类型函数的调用
  print('noReturn1(int score) = ${noReturn1()}'); //null
  print('noReturn2(int score) = ${noReturn2(85)}'); // 及格

  // void 返回值类型函数定义
  void returnVoid() {
    print("void returnVoid() 函数被调用 ");
  }

  // void 返回值类型函数调用
  returnVoid();
  // void 返回值类型函数的值不能被使用，以下函数调用会出现错误，错误提示如下:
  // This expression has a type of 'void' so its value can't be used.
  // print(returnVoid());

  // int 类型函数的定义
  int returnInt() {
    return 123; // 返回整数类型
  }

  // int 类型函数的调用
```

```dart
    print('returnInt() = ${returnInt()}'); // 123

    // String 类型函数的定义
    String returnString() {
      return '我是字符串'; //返回字符串类型
    }

    // String 类型函数的调用
    print('returnString() = ${returnString()}'); // 我是字符串

    // bool 类型函数的定义
    bool returnBoolean() {
      return true; //返回 bool 类型
    }

    // bool 类型函数的调用
    print('returnBoolean() = ${returnBoolean()}'); // true

    // List 类型函数的定义
    List returnList() {
      return ['a', 'b', 'c']; //返回 List 类型
    }

    // List 类型函数的调用
    print('returnList() = ${returnList()}'); // [a, b, c]

// Set 类型函数的定义
    Set returnSet() {
      return {
        100,
        'abc',
        true,
        32.56,
        ['a', 'b', 'c'] //返回 Set 类型
      };
    }

    // Set 类型函数的调用
    print('returnSet() = ${returnSet()}'); //{100, abc, true, 32.56, [a, b, c]}

    // Map 返回值类型函数的定义
    Map returnMap() {
      return {"name": "zhangsan", "age": 18};
    }

    // 调用返回 Map 类型的函数
    print('returnMap() = ${returnMap()}'); // {name: zhangsan, age: 18}
}
```

5.4.4 知识要点

（1）省略函数返回值类型。如果不指定函数返回类型，那么函数可以返回任何类型，包括 Null 类型。建议明确函数的返回值类型，这样既便于修改，也方便阅读。

（2）指定函数返回值类型。可以为函数指定任意类型的返回值，包括普通类型、列表类型、集合类型和映射类型等。

（3）void 类型返回值。无返回值类型，该类型函数的值不能被使用。

（4）函数返回值类型的确定方法。如果知道函数返回类型，则建议定义返回值类型；如果不知道，可以不定义。

5.5 案例：匿名函数和箭头函数

视频

匿名函数和箭头函数

5.5.1 案例描述

设计一个案例，演示匿名函数和箭头函数的定义、功能和实现方法。

5.5.2 实现效果

案例实现效果如下：

```
1. 匿名函数
fn1() = 将匿名函数赋值给 var 类型变量
fn2() = 将匿名函数赋值给 Function 类型变量
无参自执行函数.
带参自执行函数: 5! = 0
将匿名函数作为另一个函数的参数
苹果
香蕉
橘子

2. 箭头函数
fn3(10, 20) = 30
list = [苹果，香蕉，橘子]
箭头函数用作匿名回调函数
苹果
香蕉
橘子
```

5.5.3 案例实现

案例实现代码如下：

```
void main(List<String> args) {
  /* 1. 匿名函数 */
  print('1. 匿名函数');
  //1.1 函数表达式：将匿名函数赋值给 var 类型变量
```

```dart
  var fn1 = () {
    return "将匿名函数赋值给 var 类型变量"; // 这是一个匿名函数
  };
  print('fn1() = ${fn1()}'); // 利用函数变量调用匿名函数

  //1.2 函数表达式: 将匿名函数赋值给 Function 类型变量
  Function fn2 = () {
    return '将匿名函数赋值给 Function 类型变量'; // 我是一个函数表达式
  };
  print('fn2() = ${fn2()}'); // 利用函数变量调用匿名函数

  //1.3 自执行函数: 将匿名函数定义放在括号中, 后面再添加一个括号
  // 无参自执行函数
  (() {
    print("无参自执行函数.");
  })();

  // 带参自执行函数
  ((int n) {
    int fact = 1;
    for (int i = 0; i <= n; i++) {
      fact *= i;
    }
    print('带参自执行函数: $n! = $fact');
  })(5);

  //1.4 回调函数: 将匿名函数作为另一个函数的参数
  print('将匿名函数作为另一个函数的参数');
  var list = ["苹果", "香蕉", "橘子"];
  list.forEach((value) {
    print(value);
  });

  //2. 箭头函数, 更像是函数声明只有一个 return 语句时的简写
  print('\n2. 箭头函数');
  // 箭头函数是一个函数表达式, 函数体不能有花括号, 否则会报错
  int fn3(int a, int b) => a + b; // 箭头函数定义
  print('fn3(10, 20) = ${fn3(10, 20)}'); // fn3(10, 20) = 30
  print('list = $list');
  print('箭头函数用作匿名回调函数');
  list.forEach((element) => print(element)); // 箭头函数用作匿名回调函数
}
```

5.5.4 知识要点

（1）匿名函数是指没有名字的函数，有时候也称 lambda 或者 closure 闭包。

（2）匿名函数的使用。匿名函数通常用于函数表达式、自执行函数以及回调函数中。

（3）箭头函数是只能包含一行表达式的函数，格式为 "() => 表达式"，即在箭头 (=>) 后面使用一个表达式，表达式不能使用花括号括起来，而且箭头函数的表达式只能是一句，不

能是多句。例如：

```
int fn(int a, int b) => a + b ;
```

以下箭头函数的写法是错误的：

```
int fn(int a, int b) => {
   return a + b
} ;
```

5.6 案例：递归函数和闭包

视 频

递归函数
和闭包

5.6.1 案例描述

设计一个案例，演示递归函数和闭包的定义、功能和实现方法。

5.6.2 实现效果

案例实现效果如下：

```
1. 递归函数
5! = 120

2. 非闭包函数
myNum = 101
myNum = 101
myNum = 101

3. 闭包函数
myNum = 101
myNum = 102
myNum = 103
```

5.6.3 案例实现

案例实现代码如下：

```
void main(List<String> args) {
  // 1. 递归函数
  print('1. 递归函数');
  int fact = 1;
  void fun1(int n) {
    fact *= n;
    if (n == 1) {
      return; //结束函数的执行
    }
```

```dart
    // 自身调用自身：注意要加上个 return 结束递归
    fun1(n - 1);
}

int n = 5;
fun1(n);
// 结果递归后，sum 的值已经改变
print('$n! = $fact');

// 2. 闭包
// 2.1 非闭包函数
print('\n2. 非闭包函数');
fun2() {
  int myNum = 100;
  myNum++;
  print('myNum = $myNum');
}

fun2(); //myNum = 101
fun2(); //myNum = 101
fun2(); //myNum = 101

// 2.2 闭包函数
print('\n3. 闭包函数');
fun3() {
  int myNum = 100; //（1）定义局部变量
  //（2）定义方法，并利用 return 返回进行赋值
  return () {
    myNum++;
    print('myNum = $myNum');
  };
}

//（3）将方法赋值给一个变量，并调用变量方法，从而实现局部变量变化
Function b = fun3();
b(); //myNum = 101
b(); //myNum = 102
b(); //myNum = 103
}
```

5.6.4　知识要点

（1）递归函数。函数重复调用自身，直到不满足条件为止。递归函数的特点：

◆ 递归就是在方法中调用自身。

◆ 使用递归策略时，必须有一个明确的递归结束条件，称为递归出口。

◆ 解题通常显得很简洁，但运行效率较低。

◆ 递归调用过程中，系统要为每一层的返回点、局部量等开辟栈来存储。递归次数过多容易造成栈溢出等，所以一般不提倡用递归算法设计程序。

（2）闭包。函数嵌套函数，内部函数会调用外部函数的变量或参数，变量或参数不会被系统回收(不会释放内存)。其优点是避免全局变量的污染，使局部变量常驻内存；缺点是增加了内存的使用量。

闭包的写法：函数嵌套函数，并返回里面的函数，从而形成闭包。

5.7 案例：函数类型的定义及使用

视频

函数类型的
定义及使用

5.7.1 案例描述

设计一个案例，演示函数类型的定义方法和函数类型的功能及使用方法。

5.7.2 实现效果

案例实现效果如下：

```
外部计算器：
Add result is 30
Subtract result is 10
Multiply result is 1200
Divide result is 10.0

内部计算器：
Inside calculator
Add result is 200
Inside calculator
Subtract result is 0
Inside calculator
Multiply result is 10000
Inside calculator
Divide result is 1.0
```

5.7.3 案例实现

案例实现代码如下：

```
typedef manyOperation(int firstNo, int secondNo); // 定义了manyOperation函数类型

add(int firstNo, int secondNo) {
  print("Add result is ${firstNo + secondNo}");
}

subtract(int firstNo, int secondNo) {
  print("Subtract result is ${firstNo - secondNo}");
}

multiply(int firstNo, int secondNo) {
  print("Multiply result is ${firstNo * secondNo}");
```

```
}

divide(int firstNo, int secondNo) {
  print("Divide result is ${firstNo / secondNo}");
}

// 函数类型变量作为函数的参数
calculator(int a, int b, manyOperation oper) {
  print("Inside calculator");
  oper(a, b);
}

void main(List<String> args) {
  print('外部计算器:');
  manyOperation oper = add; // 定义manyOperation函数类型变量并赋值
  oper(10, 20); // 利用该变量调用相应的函数
  oper = subtract;
  oper(30, 20);
  oper = multiply;
  oper(30, 40);
  oper = divide;
  oper(50, 5);
  print('\n内部计算器:');
  calculator(100, 100, add); // 函数名作为函数类型参数的实参
  calculator(100, 100, subtract);
  calculator(100, 100, multiply);
  calculator(100, 100, divide);
}
```

5.7.4 知识要点

（1）函数类型定义。利用 typedef 来定义函数类型，函数类型是根据函数的参数（包括数量和类型）来定义，与函数返回值类型无关。示例如下：

```
typedef manyOperation(int firstNo, int secondNo);
```

（2）函数类型变量的定义。利用函数类型可以定义函数变量，也可以将函数变量作为函数参数。示例如下：

```
manyOperation oper; // 定义函数变量
calculator(int a, int b, manyOperation oper); // 利用函数变量作为函数参数
```

（3）函数类型变量的使用。可以将函数赋值给函数变量，并利用函数变量调用函数。示例如下：

```
oper = add; // 将函数赋值给函数变量
calculator(100, 100, add); // 将函数作为实参传递给函数变量形参
oper(10, 20); // 利用函数变量调用函数
```

习 题 5

1. 在一个函数中，带有默认值的可选参数必须在参数类型后面添加符号"?"。（   ）
   A．正确   B．错误
2. 一个函数中如果既有必选参数，又有可选参数，则可选参数既可以放在必选参数的前面，又可以放在必选参数的后面。（   ）
   A．正确   B．错误
3. 命名参数函数在调用时可以不用提供参数名称。（   ）
   A．正确   B．错误
4. 命名参数函数在定义时可以指定参数类型，也可以不指定参数类型。（   ）
   A．正确   B．错误
5. 命名参数函数在调用时，实参位置必须和形参位置相一致。（   ）
   A．正确   B．错误
6. 如果函数中既有带默认值的命名参数，又有不带默认值的命名参数，则不带默认值的命名参数必须放在有默认值的命名参数前面。（   ）
   A．正确   B．错误
7. 所有命名参数函数的参数都是可选的，即在调用函数时可以不为它们提供实参。（   ）
   A．正确   B．错误
8. 位置参数函数在定义时可以指定参数类型，也可以不指定参数类型。（   ）
   A．正确   B．错误
9. 在命名参数函数中，指定类型的命名参数如果没有默认值，则必须在参数类型之后添加"?"，有默认值命名参数可以不用添加。（   ）
   A．正确   B．错误
10. 一个变量只能被所在层及其内层的函数访问，不能被其外层函数所访问。（   ）
    A．正确   B．错误
11. Dart 允许在函数内部定义函数。（   ）
    A．正确   B．错误
12. 一个函数只能调用所在层及其外层定义的函数，不能调用其内层定义的函数。（   ）
    A．正确   B．错误
13. Dart 语言在定义函数时可以省略函数的返回值类型。（   ）
    A．正确   B．错误
14. Dart 函数的返回值类型可以是列表类型。（   ）
    A．正确   B．错误
15. 一个函数可以作为另一个函数的参数。（   ）
    A．正确   B．错误
16. 将匿名函数定义放在括号中，后面再添加一个括号，这样该函数就可以自动执行。（   ）
    A．正确   B．错误

17. 箭头函数的函数体可以放在花括号中。						( )
    A．正确						B．错误
18. 箭头函数的函数体可以有多条语句。						( )
    A．正确						B．错误
19. 箭头函数可以用作回调函数。						( )
    A．正确						B．错误
20. 利用typedef来定义函数类型，函数类型是根据函数的参数（包括数量和类型）来定义，与函数返回值类型无关。						( )
    A．正确						B．错误
21. 以下代码的运行结果是(   )。

```
void main(){
  void message(String from, String content, {DateTime? time, String? device}) {
    print('来自: $from, 正文: $content');
    if (time != null) {
      print('时间: $time');
    }
    if (device != null) {
      print('发送设备: $device');
    }
  }
  message('Jobs', 'hello');
  message('Jobs', 'hello', time: DateTime.now());
  message('Jobs', 'hello', time: DateTime.now(), device: 'phone');
}
```

A．来自：Jobs，正文：hello
　　来自：Jobs，正文：hello
　　时间：2023-08-07 10:10:30.511622
　　来自：Jobs，正文：hello
　　时间：2023-08-07 10:10:30.513616
　　发送设备：phone

B．来自：Jobs，正文：hello
　　时间：2023-08-07 10:10:30.511622
　　来自：Jobs，正文：hello
　　时间：2023-08-07 10:10:30.513616
　　发送设备：phone

C．来自：Jobs，正文：hello
　　时间：2023-08-07 10:10:30.513616
　　发送设备：phone

D．来自：Jobs，正文：hello
　　来自：Jobs，正文：hello
　　时间：2023-08-07 10:10:30.511622

22．以下代码的运行结果是（　　）。

```
void main(){
  void message(String from,String content,[DateTime? time,String? device]){
    print('来自: $from, 正文: $content');
    if(time != null){
      print('时间: $time');
    }
    if(device != null){
      print('发送设备: $device ');
    }
  }
  message('Jobs','hello');
  message('Jobs','hello',DateTime.now());
  message('Jobs','hello',DateTime.now(),'phone');
}
```

  A．来自：Jobs, 正文：hello
    来自：Jobs, 正文：hello
    时间：2023-08-07 10:10:30.511622
    来自：Jobs, 正文：hello
    时间：2023-08-07 10:10:30.513616
    发送设备：phone
  B．来自：Jobs, 正文：hello
    时间：2023-08-07 10:10:30.511622
    来自：Jobs, 正文：hello
    时间：2023-08-07 10:10:30.513616
    发送设备：phone
  C．来自：Jobs, 正文：hello
    时间：2023-08-07 10:10:30.513616
    发送设备：phone
  D．来自：Jobs, 正文：hello
    来自：Jobs, 正文：hello
    时间：2023-08-07 10:10:30.511622

23．以下代码的运行结果是（　　）。

```
void main() {
  void message(String from, String content, {DateTime? time, String device = 'phone'}) {
    print('来自: $from, 正文: $content');
    if (time != null) {
      print('时间: $time');
    }
    if (device != null) {
      print('发送设备: $device');
    }
  }
```

```
    message('Jobs', 'hello');
    message('Jobs', 'hello', time: DateTime.now());
    message('Jobs', 'hello', time: DateTime.now(), device: 'pc');
}
```

A. 来自：Jobs，正文：hello
   来自：Jobs，正文：hello
   时间：2023-08-07 10:16:46.736011
   来自：Jobs，正文：hello
   时间：2023-08-07 10:16:46.738005
   发送设备：pc

B. 来自：Jobs，正文：hello
   发送设备：phone
   来自：Jobs，正文：hello
   时间：2023-08-07 10:16:46.736011
   发送设备：phone
   来自：Jobs，正文：hello
   时间：2023-08-07 10:16:46.738005
   发送设备：pc

C. 来自：Jobs，正文：hello
   时间：2023-08-07 10:16:46.736011
   发送设备：phone
   来自：Jobs，正文：hello
   时间：2023-08-07 10:16:46.738005
   发送设备：pc

D. 来自：Jobs，正文：hello
   时间：2023-08-07 10:16:46.736011
   来自：Jobs，正文：hello
   时间：2023-08-07 10:16:46.738005
   发送设备：pc

24．以下代码的运行结果是（　　）。

```
import 'dart: io';
void main(){
    void printElement(int element) {
        stdout.write('${element}\t');
    }
    var list = [1, 2, 3];
    list.forEach(printElement);
}
```

A. 1　　　　　　　　　　　　　　B. 1   2
C. 1   2   3　　　　　　　　　　D. 程序运行错误

25．以下代码的运行结果是（　　）。

```
void main() {
  void printElement(int element) {
    print(element);
  }
  var show = printElement;
  show(10);
}
```

  A．10   B．11
  C．12   D．程序运行错误

26．以下代码的运行结果是（　　）。

```
import 'dart: io';
void main(){
  var list = ['apples', 'bananas', 'oranges'];
  list.forEach((item){
    stdout.write('${list.indexOf(item)}: $item \t');
  });
}
```

  A．0: apples   1: bananas   2: oranges
  B．apples   bananas   oranges
  C．1: apples   2: bananas   3: oranges
  D．程序运行错误

27．以下代码的运行结果是（　　）。

```
void main() {
  Function area() {
    return (num width, num height) => width * height;
  }

  var a = area();
  print(a(10, 20));
}
```

  A．10   B．20   C．30   D．200

28．以下代码的运行结果是（　　）。

```
String topLevel = 'top variable';
void main() {
  var insideMain = 'insideMain variable';
  void myFunction() {
    var insideFunction = 'insideFunction variable';
    void nestedFunction() {
      var insideNestedFunction = 'insideNestedFunction variable';
      print('$topLevel');
      print('$insideMain');
```

```
    print('$insideFunction');
    print('$insideNestedFunction');
  }

  nestedFunction();
  }

  myFunction();
}
```

A. top variable
   insideMain variable
B. top variable
   insideMain variable
   insideFunction variable
   insideNestedFunction variable
C. 无运行结果
D. 程序运行出错

29. 以下代码的运行结果是（　　）。

```
void main() {
  Function makeAdder(num addBy) {
    return (num i) => addBy + i;
  }

  var add2 = makeAdder(2);
  print(add2(3));
}
```

A. 2   B. 3
C. 5   D. 程序运行出错

30. 以下代码的运行结果是（　　）。

```
import 'dart: io';
void main() {
  void printProgress({Function(int)? callback}) {
    for (int progress = 0; progress <= 2; progress++) {
      if (callback != null) {
        callback(progress);
      }
    }
  }

  printProgress(callback: (int progress) => stdout.write('打印进度：$progress%\t'));
}
```

A. 打印进度：0%
B. 打印进度：0%   打印进度：1%
C. 打印进度：0%   打印进度：1%   打印进度：2%
D. 程序运行出错

第 6 章 面向对象编程

本章概要

本章主要介绍 Dart 语言面向对象程序设计的原理和方法，包括定义类和创建对象、默认构造函数、命名构造函数、常量构造函数、初始化列表和重定向构造函数、静态成员和实例成员、getter 和 setter、级联操作符和 call 函数、继承、继承中的构造函数及其执行顺序、方法覆盖、操作符覆写、抽象类、多态性、接口、mixin 等。

学习目标

- ◆ 掌握定义类和创建对象的方法。
- ◆ 掌握各种类型构造函数的功能、定义和使用方法。
- ◆ 掌握静态成员和实例成员的区别、定义和使用方法。
- ◆ 掌握 getter 和 setter 的定义和使用方法。
- ◆ 掌握级联操作符和 call 函数的功能和使用方法。
- ◆ 掌握继承和覆盖的功能和使用方法。
- ◆ 掌握抽象类和多态性的原理、定义和使用方法。
- ◆ 掌握接口和 mixin 的功能和使用方法。

6.1 案例：定义类和创建对象

视频

定义类和创建对象

6.1.1 案例描述

设计一个案例，演示定义类、创建对象和使用对象的方法。

6.1.2 实现效果

案例实现效果如下：

```
student = Instance of 'Person'
最初的实例信息：
姓名：小明 -- 年龄：10

修改后的实例信息：
姓名：小强 -- 年龄：12
```

6.1.3 案例实现

案例实现代码如下：

```dart
// 1. 定义类
class Person {
  // 定义属性
  String name = "小明"; //需要初始化
  int age = 10;

  // 定义方法
  void getInfo() {
    print("姓名：${this.name}--年龄：${this.age}");
  }
}

void main(List<String> args) {
  // 2. 使用类创建对象
  Person student = new Person(); // 利用默认构造函数创建对象
  print('student = $student'); // Instance of 'Person'

  // 3. 使用实例方法
  print('最初的实例信息: ');
  student.getInfo(); // 姓名：小明--年龄:10

  // 4. 使用实例属性
  student.name = "小强"; //修改实例属性
  student.age = 12;
  print('\n修改后的实例信息: ');
  student.getInfo(); // 姓名：小强--年龄:12
}
```

6.1.4 知识要点

（1）Dart 是一个面向对象编程语言，同时支持基于 Mixin 的继承机制。
（2）每个对象都是一个类的实例，所有的类都继承于 Object。
（3）使用关键字 class 声明一个类。
（4）使用关键字 new 创建一个对象，new 可以省略。
（5）对象由函数和数据（即方法和实例变量）组成。
（6）实例方法的调用要通过对象来完成，方法可以访问本类中的其他方法和属性。

6.2 案例：默认构造函数

视频
默认构造函数

6.2.1 案例描述

设计一个案例，演示默认构造函数的定义和使用方法。

6.2.2 实现效果

案例实现效果如下：

```
张三----20
李四----25
王五----30
```

6.2.3 案例实现

案例实现代码如下：

```dart
class Person {
  late String name; // 最新版本Dart要求初始化属性，否则需要在前面加上late
  late int age;
  // 默认构造函数
  Person(String name, int age) {
    this.name = name;
    this.age = age;
  }

  // 默认构造函数的简写，使用该构造函数时可以不用在属性前添加late
  // Person(this.name,this.age);
  void printInfo() {
    print("${this.name}----${this.age}");
  }
}

void main(List<String> args) {
  Person p1 = new Person('张三', 20); // 创建对象
  p1.printInfo(); // 张三----20
  Person p2 = new Person('李四', 25);
  p2.printInfo(); // 李四----25
  p2.name = '王五'; // 修改对象属性
  p2.age = 30;
  p2.printInfo(); // 王五----30
}
```

6.2.4 知识要点

（1）构造函数分类。Dart 构造函数主要分为四类：默认构造函数、命名构造函数、常量构造函数和工厂构造函数。它们的定义方式是：

✧ ClassName(...) // 默认构造函数
✧ ClassName.identifier(...) // 命名构造函数
✧ const ClassName(...) // 常量构造函数
✧ factory ClassName(...) // 工厂构造函数

（2）默认构造函数。函数名与类名相同，没有返回值，参数可有可无，不允许重载，即类

中不允许有多个默认构造函数。如果不显式定义类的构造函数，该类的默认构造函数是无参的。默认构造函数包括三种定义方式：

✧ ClassName (){ } // 默认无参构造函数
✧ ClassName (...){ 利用参数列表初始化属性 } // 默认有参构造函数
✧ ClassName (this. 属性 1, this. 属性 2, …, this. 属性 n); // 默认属性参数构造函数

6.3 案例：命名构造函数

命名构造函数

6.3.1 案例描述

设计一个案例，演示命名构造函数的定义和使用方法。

6.3.2 实现效果

案例实现效果如下：

```
Person(this.name, this.age) 默认构造函数被调用！
姓名：小明 -- 年龄:10
Person.now() 命名构造函数被调用！
姓名：小明 -- 年龄:10
Person.play(String name, int age) 命名构造函数被调用！
小强在打球，他的年龄是: 12
姓名：小强 -- 年龄:12
Person.study(this.name, this.age) 命名构造函数被调用！
小花在学习，他的年龄是: 14
姓名：小花 -- 年龄:14
```

6.3.3 案例实现

案例实现代码如下：

```dart
// 定义类
class Person {
  // 定义属性
  late String name;
  late int age;

  // 定义默认构造函数（只能定义1个）
  Person(this.name, this.age);

  // 定义命名构造函数（可以定义多个）
  Person.now() {
    this.name = '小明'; // 利用常量给属性赋值
    this.age = 10;
    print('Person.now() 命名构造函数被调用！');
  }
  Person.play(String name, int age) {
```

```
      print('Person.play(String name, int age) 命名构造函数被调用！');
      this.name = name;  // 利用参数给属性赋值
      this.age = age;
      print("${this.name} 在打球,他的年龄是: ${this.age}");
   }
   Person.study(this.name, this.age) {
      print('Person.study(this.name, this.age) 命名构造函数被调用！');
      print("${this.name} 在学习,他的年龄是: ${this.age}");
   }
   // 定义方法
   void getInfo() {
      print(" 姓名 :${this.name}-- 年龄 :${this.age}");
   }
}

void main(List<String> args) {
   print('Person(this.name, this.age) 默认构造函数被调用！');
   Person stu = new Person(' 小明 ', 10);  // 利用默认构造函数创建对象
   stu.getInfo();  // 姓名 :小明 -- 年龄 :10

   Person stu1 = new Person.now();  // Person.now() 命名构造函数被调用！
   stu1.getInfo();  // 姓名 :小明 -- 年龄 :10

   var stu2 = new Person.play(" 小强 ", 12);  // 创建对象，显示以下结果:
   // Person.play(String name, int age) 命名构造函数被调用！
   // 小强在打球,他的年龄是: 12
   stu2.getInfo();  // 姓名 :小强 -- 年龄 :12

   var stu3 = new Person.study(" 小花 ", 14);  // 创建对象，显示以下结果:
   // Person.study(this.name, this.age) 命名构造函数被调用！
   // 小花在学习,他的年龄是: 14
   stu3.getInfo();  // 姓名 :小花 -- 年龄 :14
}
```

6.3.4 知识要点

（1）命名构造函数。通过在类名后面附加标识符来定义，通过调用该方法来创建对象。
（2）一个类可以定义多个命名构造函数，但只能定义一个默认构造函数。
（3）命名构造函数不能被继承，可以把命名构造函数当成静态方法来理解。

6.4 案例：常量构造函数

视频
常量构造函数

6.4.1 案例描述

设计一个案例，演示常量构造函数的定义及使用方法。

6.4.2 实现效果

案例实现效果如下:

```
Jack----20
Smith----30
```

6.4.3 案例实现

案例实现代码如下：

```
class Person {
  final String name; //定义常构造方法时，属性只能使用final修饰
  final int age; //属性使用final修饰
  
  //定义常构造方法，否则不能创建常对象
  const Person(this.name, this.age); //构造方法前加 const
  void printInfo() {
    print("${this.name}----${this.age}");
  }
}
void main(List<String> args) {
  //创建常对象，必须使用const声明常对象，但创建常对象时可以省略const
  const p1 = Person("Jack", 20); // 创建常对象时不能使用new关键字
  p1.printInfo(); //Jack----20
  const p2 = const Person("Smith", 30);
  p2.printInfo(); //Smith----30
  // p2.name = '张三'; //错误: 'name' can't be used as a setter because it's final.
}
```

6.4.4 知识要点

（1）常量构造函数。使用const声明构造函数，并且类中的所有属性都必须使用final修饰。

（2）常对象的声明和创建。声明常对象时必须使用const关键字，在创建常对象时可以使用const，也可以不使用const，但一定不能使用new关键字。

（3）常对象的属性不能被修改。

6.5 案例：初始化列表和重定向构造函数

视频

初始化列表和重定向构造函数

6.5.1 案例描述

设计一个案例，演示初始化列表和重定向构造函数的使用方法。

6.5.2 实现效果

案例实现效果如下：

```
Rect类的应用:
height: 2---width: 10
area = 20
```

```
height: 100---width: 200
area = 20000
height: 2---width: 10
area = 20

Person 类的应用:
person.name = Jack
person.age = 20
person.gender = 男
```

6.5.3 案例实现

案例实现代码如下：

```dart
// Dart 中也可以在构造函数体运行之前初始化实例变量
// 定义 Rect 类
class Rect {
  int height;
  int width;
  // 带有初始化列表和函数体的构造函数
  Rect() // 同名无参构造函数
      : height = 2, // 初始化列表
        width = 10 {
    print("height: ${this.height}---width: ${this.width}");
  }
  Rect.init(int h, int w) // 命名有参构造函数
      : height = h, // 初始化列表
        width = w {
    print("height: ${this.height}---width: ${this.width}");
  }
  Rect.redirect() : this(); // 重定向构造函数，转向默认构造函数
  getArea() {
    print('area = ${this.height * this.width}'); // 求面积
  }
}

// 定义 Person 类
class Person {
  String name;
  int age;
  final String gender;

  Person(this.name, this.age, this.gender); // 同名有参构造函数

  // 只有初始化列表的命名构造函数
  Person.withMap(Map map) // 命名有参构造函数
      : this.name = map['name'],
        this.age = map['age'],
        this.gender = map['gender'];
```

```
}
void main(List<String> args) {
  //Rect 类的应用
  print('Rect 类的应用: ');
  Rect r1 = new Rect(); // height: 2---width: 10
  r1.getArea(); // area = 20
  Rect r2 = new Rect.init(100, 200); // height: 100---width: 200
  r2.getArea(); // area = 20000
  Rect r3 = new Rect.redirect(); // height: 2---width: 10
  r3.getArea(); // area = 20

  //Person 类的应用
  print('\nPerson 类的应用: ');
  var map = {'name': 'Jack', 'age': 20, 'gender': '男'};
  var person = Person.withMap(map); // 创建 Person 类对象
  print('person.name = ${person.name}');
  print('person.age = ${person.age}');
  print('person.gender = ${person.gender}');
}
```

6.5.4 知识要点

（1）初始化列表。用于在构造函数体运行之前初始化实例变量。

（2）在初始化列表中，既可以使用常量来初始化属性，也可以使用构造函数的参数来初始化属性。构造函数的参数既可以是基本类型，也可以是 Map 等其他类型。

（3）重定向构造函数。利用 this 关键字实现构造函数的重定向，即在创建对象时通过该构造函数转向默认构造函数，但不能转向其他类型构造函数。

6.6 案例：静态成员和实例成员

静态成员和实例成员

6.6.1 案例描述

设计一个案例，演示类的静态（类）属性和方法的定义和使用方法，以及它们与实例属性和方法的区别。

6.6.2 实现效果

案例实现效果如下：

```
静态方法 static void printUserInfo() 被调用 =>Name: 张三
静态方法 static void showName() 被调用 =>Name: 张三
打印静态属性 =>Name: 张三
静态方法 static void showName() 被调用 =>Name: 张三
打印实例属性 =>Aame: 20
实例方法 showAge() 被调用 =>Age: 20
```

6.6.3 案例实现

案例实现代码如下：

```
class Person {
  static String name = '张三'; // 静态属性
  int age = 20;
  showAge() {
    print('实例方法 showAge() 被调用 =>Age: $age');
  }

  // 类方法（静态方法）
  static void showName() {
    print('静态方法 static void showName() 被调用 =>Name: $name');
  }

  // 实例方法
  void printInfo() {
    /* 非静态方法可以访问静态成员以及非静态成员 */
    print('打印静态属性 =>Name: $name'); // 访问静态属性，不要加 this
    showName(); // 调用静态方法
    print('打印实例属性 =>Aame: $age'); // 访问非静态属性
    showAge();// 访问非静态方法
  }

  // 类方法
  static void printUserInfo() {
    print('静态方法 static void printUserInfo() 被调用 =>Name: $name'); // 使用静态属性
    showName(); // 使用静态方法，方法前不能使用 this

    // print(this.age);        // 错误：静态方法不能访问非静态的属性
    // this.printInfo();       // 错误：静态方法不能访问非静态的方法
    // printInfo();            // 错误：静态方法不能访问非静态的方法
  }
}
main() {
  Person.printUserInfo(); // 引用静态方法
  Person ps = new Person();
  ps.printInfo(); // 引用实例方法
}
```

6.6.4 知识要点

（1）静态成员。如果在定义类的属性或方法时加上 static 关键字，则该属性或方法就成为类的静态成员（也称类成员），非静态成员又称实例成员。

（2）静态成员和实例成员的区别。静态成员又称类成员，它是随着类的创建而创建，而实例成员则是在创建对象时才创建，因此静态成员的创建时间要早于实例成员。

（3）使用规则。在类外，类（静态）成员只能通过类名访问，不能通过对象访问，但实例成员只能通过对象访问，不能通过类名访问。在静态方法中不能使用非静态成员（因为此时非静态成员还不存在），而在非静态方法中可以使用静态成员（因为此时静态成员已经存在）。

6.7 案例：getter 和 setter

6.7.1 案例描述

设计一个案例，演示 getter 和 setter 的使用方法。

6.7.2 实现效果

案例实现效果如下：

```
Height: 10      Width: 20       Area: 200       Perimeter: 60
Height: 100     Width: 200      Area: 20000     Perimeter: 600
```

6.7.3 案例实现

案例实现代码如下：

```dart
class Rect {
  num height;
  num width;
  Rect(this.height, this.width); // 构造函数

  // 定义 getter 方法，方法后面不能添加括号
  num get area => this.height * this.width; // 求面积
  num get perimeter => 2 * (width + height); // 求周长

  // 定义 setter 方法，只能有一个参数
  set setHeight(num h) => height = h;
  set setWidth(num w) => width = w;

  void show() {
    print('Height: $height\tWidth: $width\tArea: $area\tPerimeter: $perimeter');
  }
}

void main(List<String> args) {
  Rect rect = new Rect(10, 20); // 创建对象
  rect.show(); // Height: 10    Width: 20       Area: 200       Perimeter: 60
  rect.setHeight = 100; // 调用 setter 方法
  rect.setWidth = 200;
  rect.show(); // Height: 100Width: 200    Area: 20000     Perimeter: 600
}
```

6.7.4 知识要点

（1）getter 和 setter 也称访问器和更改器，是一组特殊的方法，提供了读写对象属性的能力。

（2）在 Dart 中对对象属性的访问实际上都是调用 getter 方法，对对象的赋值实际上都是调用了 setter 方法。

（3）对象的每个属性都有一个与之关联的默认 getter 方法，每个非 final 属性都有一个与之关联的默认 setter 方法。

（4）属性的 getter 和 setter 方法可以通过使用 get 和 set 关键字来显式声明，方法名是需要定义的属性名。

（5）getter 方法不需要参数列表，其访问方法与属性相同。

（6）setter 方法只能接收一个参数，其调用方法与给属性赋值一样。

6.8 案例：级联操作符和 call 函数

视频
级联操作符和call函数

6.8.1 案例描述

设计一个案例，演示级联操作符和 call 函数的使用方法。

6.8.2 实现效果

案例实现效果如下：

```
张三 is working...
name: 张三, age: 18.
李四 is working...
name: 李四, age: 20.
王五 is working...
name: 王五, age: 22.
call 方法的使用 => name: Jack, age: 30.
```

6.8.3 案例实现

案例实现代码如下：

```dart
class Person {
  String name;
  int age;

  Person(this.name, this.age);
  void work() {
    print("$name is working...");
  }

  void info() {
    print('name: $name, age: $age.');
```

```
  }
  //定义call方法。如果类实现了call方法,则该类的对象可以作为方法使用
  void call(String name, int age) {
    print("call 方法的使用 => name: $name, age: $age.");
  }
}

void main(List<String> args) {
  Person p = new Person('张三', 18); //创建对象
  p.work();
  p.info();

  p //利用级联操作符使用对象
    ..name = "李四"
    ..age = 20
    ..work()
    ..info();

  new Person('王五', 22) //创建匿名对象
    ..work() //利用级联操作符使用匿名对象
    ..info();

  p("Jack", 30); //使用call方法
}
```

6.8.4 知识要点

(1) 级联操作符。利用级联操作符"..",对象可以连续调用其属性和方法,但在级联操作符之前不能有其他符号。

(2) call 方法。如果一个类实现了 call 方法,则该类的对象可以直接使用该方法。对象调用 call 方法的格式是: 对象(参数列表)。

6.9 案例:继承

6.9.1 案例描述

设计一个案例,演示继承的工作原理和实现方法。

6.9.2 实现效果

案例实现效果如下:

```
Method in Person!
Method in Student!
Method in Person!
Name: 张三, Age: 20, Score: 85
```

```
Method in Student!
Method in Person!
Name: 李四, Age: 18, Score: 100
```

6.9.3 案例实现

案例实现代码如下:

```
//定义父类
class Person {
  String name = '张三';
  num age = 20;
  void printInPerson() {
    print("Method in Person!");
  }
}

//定义子类
class Student extends Person {
  int score = 85; //成绩属性
  void printInStudent() {
    print("Method in Student!");
    printInPerson(); //调用父类方法
    print("Name: ${name}, Age: ${age}, Score: ${score}"); //使用父类属性
  }
}

void main(List<String> args) {
  Student student = new Student(); //创建子类对象
  student.printInPerson(); //调用父类方法
  student.printInStudent(); //调用子类方法
  student.name = "李四"; //修改父类属性的值
  student.age = 18; //修改父类属性的值
  student.score = 100; //修改子类属性的值
  student.printInStudent(); //调用子类方法
}
```

6.9.4 知识要点

（1）继承的含义。继承是代码重用的一种方法，子类可以直接使用父类的实例成员，子类在使用父类的实例成员时，可以使用 super 或 this 关键字，也可以不用。

（2）继承方式。Dart 语言采用单继承方式，即除 Object 类以外，其他类都只有一个父类，Object 类没有父类。

（3）继承实现。利用 extends 关键字实现类之间的继承关系。

（4）继承限制。构造函数、类属性和类方法不会被子类继承。

（5）默认构造函数的执行顺序。在没有显式定义父类和子类构造函数的情况下，子类默认构造函数会在子类构造函数体执行之前调用父类默认构造函数。

6.10 案例：继承中的构造函数

6.10.1 案例描述
设计一个案例，演示继承中构造函数的功能和使用方法。

6.10.2 实现效果
案例实现效果如下：

```
Name: 张三---Age: 40
Name: 李四---Age: 30
Name: 王五---Age: 20
Name: 王五---Age: 20---Score: 85
```

6.10.3 案例实现
案例实现代码如下：

```dart
// 定义父类
class Person {
  String name;
  num age;

  Person(this.name, this.age); // 默认构造函数
  Person.xxx(this.name, this.age); // 命名构造函数

  void personInfo() {
    print("Name: ${this.name}---Age: ${this.age}"); // 显示信息
  }
}

// 定义子类
class Student extends Person {
  late num score; // 成绩

  // 定义子类构造函数，利用super调用父类构造函数来给父类属性赋值
  Student(String name, num age, num score) : super.xxx(name, age) {
    this.score = score; // 给子类属性赋值
  }

  void studentInfo() {
    super.personInfo(); // 调用父类方法
    // 使用父类和本类属性
    print("Name: ${this.name}---Age: ${this.age}---Score: ${this.score}");
  }
}
```

```
void main(List<String> args) {
  Person ps1 = new Person('张三', 40); //使用默认构造函数创建父类对象
  ps1.personInfo(); // Name: 张三 ---Age: 40
  Person ps2 = new Person.xxx('李四', 30); //使用命名构造函数创建父类对象
  ps2.personInfo(); // Name: 李四 ---Age: 30

  Student student = new Student('王五', 20, 85); //使用子类构造函数创建子类对象
  student.studentInfo(); //调用子类函数
}
```

6.10.4 知识要点

（1）如果父类中显式定义了参构造函数，那么子类必须显式定义构造函数，而且必须在子类构造函数的初始化列表中利用 super 关键字显式调用父类有参构造函数。

（2）利用 super 关键字显式调用父类构造函数时，不能使用 this 关键字向父类传递参数，因为此时子类构造函数体尚未执行，子类的实例对象尚未被初始化。

6.11 案例：继承中构造函数的执行顺序

继承中构造函数的执行顺序

6.11.1 案例描述

设计一个案例，演示继承中构造函数的执行顺序。

6.11.2 实现效果

案例实现效果如下：

```
父类的命名构造函数 => name: Jack
子类同名构造函数 => name: Jack, gender: male
Instance of 'Student'
父类同名构造函数 => name: Mary
子类命名构造方法 => name: Mary, gender: female, score: 85
Instance of 'Student'
```

6.11.3 案例实现

案例实现代码如下：

```
class Person {
  String name;
  Person(this.name) {
    print('父类同名构造函数 => name: $name');
  }
  Person.withName(this.name) {
    print('父类的命名构造函数 => name: $name');
  } //有名有参
```

```dart
}
class Student extends Person {
  final String gender;
  late int score;

  Student(String n, String g)
      // 初始化列表，子类必须显式调用父类构造方法（如果有）
      : gender = g, // 给本类属性赋值
        // 调用父类命名或默认构造函数，给父类属性赋值
        super.withName(n) {
    print('子类同名构造函数 => name: $name, gender: $gender');
  }
  Student.withNameGenderScore(String n, String g, int s)
      // 初始化列表，子类必须显式调用父类同名构造方法（如果有）
      : gender = g, // 给本类属性赋值
        score = s,
        // 调用父类的命名或默认构造方法，给父类属性赋值
        super(n) {
    print('子类命名构造方法 => name: $name, gender: $gender, score: $score');
  }
}
void main(List<String> args) {
  var stu1 = new Student("Jack", 'male'); // 创建对象
  print(stu1); // 打印对象
  var stu2 = new Student.withNameGenderScore('Mary', 'female', 85); // 创建对象
  print(stu2); // 打印对象
}
```

6.11.4 知识要点

（1）构造函数的执行顺序。当利用子类构造函数创建对象时，子类构造函数首先通过初始化列表调用父类构造函数，然后再执行子类构造函数体。

（2）当父类显式定义了有参构造函数时，子类构造函数必须在初始化列表中利用super调用父类的构造函数。

（3）子类显式定义构造函数的数量与父类显式定义构造函数的数量不必相等，也不必完全对应。即如果父类中显式定义了默认构造函数和命名构造函数，那么子类可以只定义其中一种，而且在子类构造函数的初始化列表中可以调用父类的任意一种构造函数。

6.12 案例：方法覆写

方法覆写

6.12.1 案例描述

设计一个案例，演示子类方法覆写父类方法的功能及实现方法。

6.12.2 实现效果

案例实现效果如下：

```
Person 类中的 show 方法被调用:
Name: 张三
Age: 40

Instance of 'Person' is running!

Student 类中的 show 方法被调用:
Person 类中的 show 方法被调用:
Name: 李四
Age: 20
Score: 85

Instance of 'Student' is running!
Instance of 'Student' is studying!
```

6.12.3 案例实现

案例实现代码如下：

```dart
// 定义父类
class Person {
  String name;
  num age;

  Person(this.name, this.age); // 默认构造函数

  void show() {
    print('Person 类中的 show 方法被调用: ');
    print("Name: ${this.name}\nAge: ${this.age}"); // 显示信息
  }

  void run() {
    print('\n$this is running!');
  }
}

// 定义子类
class Student extends Person {
  late num score; // 成绩
  // 定义子类构造函数，利用 super 调用父类构造函数来给父类属性赋值
  Student(String name, num age, num score) : super(name, age) {
    this.score = score; // 给子类属性赋值
  }// 该函数可以改为: Student (super.name,super.age,this.score);
```

```
  // 定义子类方法来覆盖父类方法
  @override  // 重新定义父类的方法，可以写也可以不写 @override，建议写
  void show() {
    print('\nStudent 类中的 show 方法被调用: ');
    super.show();  // 调用父类方法
    print("Score: ${this.score}");
  }

  @override  // 重新定义父类的方法
  void run() {
    print('\n$this is running!');
  }

  void study() {
    print('$this is studying!');
  }
}

void main(List<String> args) {
  Person person = new Person('张三', 40);  // 创建父类对象
  person.show();  // 调用父类的方法
  person.run();   // 调用父类的方法

  Student student = new Student('李四', 20, 85);  // 创建子类对象
  student.show();   // 调用子类的方法
  student.run();    // 调用子类的方法
  student.study();  // 调用子类的方法
}
```

6.12.4 知识要点

（1）方法覆写是指子类重新定义父类中的实例方法、getter 方法和 setter 方法，也称方法的覆盖。

（2）@override 注解。可以利用 @override 关键字注解需要覆盖的父类方法，也可以不用，建议在覆盖父类方法时加上 @override，用来说明该方法在父类中已经定义过。

（3）覆写的功能。子类重新定义了父类中的方法，实现了对父类功能的扩展。

6.13 案例：操作符覆写

视 频

操作符覆写

6.13.1 案例描述

设计一个案例，演示操作符覆写的功能和实现方法。

6.13.2 实现效果

案例实现效果如下：

```
v1 = x: 2, y: 3
v2 = x: 2, y: 2
v3 = x: 2, y: 3
v1 + v2 = x: 4, y: 5
v1 - v2 = x: 0, y: 1
v1 == v2 = false
v1 != v2 = true
v1 == v3 = true
```

6.13.3 案例实现

案例实现代码如下:

```
class Vector {
  final int x, y; // 定义常量
  Vector(this.x, this.y); // 定义默认构造函数

  Vector operator +(Vector v) => Vector(this.x + v.x, this.y + v.y); // 覆写+操作符
  Vector operator -(Vector v) => Vector(this.x - v.x, this.y - v.y); // 覆写-操作符

  // 覆写 == 操作符,参数 other 的类型不能是 Vector
  bool operator ==(dynamic other) {
    if (other is! Vector) {
      return false; // 如果other不是Vector类型则返回false
    }
    return other.x == this.x && other.y == this.y;
  }

  @override
  toString() => 'x: $x, y: $y'; // 重定义Object类的toString函数来设置向量的显示格式
}

void main(List<String> args) {
  final Vector v1 = new Vector(2, 3); // 定义常量v1
  final Vector v2 = Vector(2, 2); // 定义常量v2
  final Vector v3 = Vector(2, 3); // 定义常量v3

  print('v1 = $v1'); // v1 = x: 2, y: 3
  print('v2 = $v2'); // v2 = x: 2, y: 2
  print('v3 = $v3'); // v3 = x: 2, y: 3

  print('v1 + v2 = ${v1 + v2}'); // v1 + v2 = x: 4, y: 5
  print('v1 - v2 = ${v1 - v2}'); // v1 - v2 = x: 0, y: 1

  print('v1 == v2 = ${v1 == v2}'); // v1 == v2 = false
  print('v1 != v2 = ${v1 != v2}'); // v1 != v2 = true
  print('v1 == v3 = ${v1 == v3}'); // v1 == v3 = true
}
```

6.13.4 知识要点

（1）操作符覆写是指对操作符的重新定义，可以为操作符赋予新的功能。
（2）定义格式。覆写操作符需要在类中定义，定义格式如下：

```
返回类型  operator  操作符（参数1,参数2,...）{
    实现体...
    return  返回值
}
```

（3）Dart 中可以覆写的操作符如下：

| < | + | \| | [] | > | / | ^ | []= | <= | ~/ |
| & | ~ | >= | * | << | == | - | % | >> | |

6.14 案例：抽象类

视频
抽象类

6.14.1 案例描述

设计一个案例，演示抽象类的定义、功能及其使用方法。

6.14.2 实现效果

案例实现效果如下：

```
Student is running...
show() in Person.
```

6.14.3 案例实现

案例实现代码如下：

```
//定义抽象类，类前使用关键字 abstract
abstract class Person {
  void run(); //定义抽象方法（该方法没有方法体），方法前不能添加abstract 关键字
  //定义抽象类中的非抽象方法，抽象类中可以包含非抽象方法
  void show() {
    print('show() in Person.');
  }
}

//定义抽象类 Person 的子类 Student
class Student extends Person {
  //实现抽象父类中的抽象方法
  @override
  void run() {
    print("Student is running...");
```

```
  }
}
void main(List<String> args) {
  Student student = new Student();
  student.run();
  student.show();
  // Person person = new Person();// 错误，抽象类不能创建对象
}
```

6.14.4 知识要点

（1）抽象类。使用关键字 abstract 修饰的类，不能被直接实例化，但可以被其他类（包括抽象类）继承。

（2）抽象方法。只有方法头，没有方法体，但不能使用 abstract 修饰。

（3）抽象类中可以没有抽象方法，但有抽象方法的类一定是抽象类，且必须使用 abstract 关键字声明抽象类。

（4）抽象类的非抽象子类必须实现父类中的抽象方法，即非抽象子类必须重新定义抽象父类中的抽象方法，并给出方法体。

（5）抽象类的子类可以是抽象类，抽象子类不用实现抽象父类中的抽象方法。

6.15 案例：多态性

多态性

6.15.1 案例描述

设计一个案例，演示多态性的功能及其实现方法。

6.15.2 实现效果

案例实现效果如下：

```
小狗在吃骨头
Dog is running.
小猫在吃老鼠
Cat is running.
```

6.15.3 案例实现

案例实现代码如下：

```
abstract class Animal {
  eat(); // 抽象方法
  run(); // 抽象方法
}
```

```
class Dog extends Animal {
  @override
  eat() {
    print(' 小狗在吃骨头 ');
  }

  @override
  run() {
    print('Dog is running.');
  }
}

class Cat extends Animal {
  @override
  eat() {
    print(' 小猫在吃老鼠 ');
  }

  @override
  run() {
    print('Cat is running.');
  }
}
main() {
  Animal animal = new Dog(); //将子类对象赋值给父类对象
  animal.eat(); // 小狗在吃骨头
  animal.run(); // Dog is running.
  animal = new Cat(); //将子类对象赋值给父类对象
  animal.eat(); // 小猫在吃老鼠
  animal.run(); // Cat is running.
}
```

6.15.4　知识要点

（1）多态性。就是父类定义的方法父类不去实现，而是让继承它的子类去实现，每个子类可以有不同的表现。

（2）多态性的实现方法。将子类对象赋值给父类对象的引用，父类对象引用调用不同子类中的同名函数时，得到的执行结果可以不同。

6.16　案例：接口

视频

接口

6.16.1　案例描述

设计一个案例，演示接口的定义、功能和使用方法。

6.16.2 实现效果

案例实现效果如下:

```
Student=> name: Jack, age: 15.
Student is running...
```

6.16.3 案例实现

案例实现代码如下:

```dart
abstract class Person {
  late String name; //属性

  int get age => 18; //getter 方法
  void show(); //抽象方法
  void run() {
    print("Person is running..."); //接口中可以定义非抽象方法
  }
}

//定义实现接口的类,必须实现接口中的所有属性和方法
class Student implements Person {
  @override
  late String name = 'Jack';

  @override
  int get age => 15;

  @override
  void show() {
    print("Student=> name: $name, age: $age.");
  }

  @override
  void run() {
    print("Student is running...");
  }
}
void main(List<String> args) {
  Student student = new Student();
  student.show();
  student.run();
  // Person person = new Person(); //接口不能创建对象
}
```

6.16.4 知识要点

(1) 在 Dart 中,类和接口是统一的,类就是接口,每个类都隐式定义了一个包含所有

实例成员的接口；同样，接口也就是类，接口中既可以包含抽象方法，也可以包含非抽象方法。

（2）如果是复用已有类的实现，则使用继承（extends），如果只是使用已有类的外在行为，则使用接口（implements）。

（3）实现接口的类，必须实现接口中所有的属性和方法。

6.17 案例：mixin

6.17.1 案例描述

设计一个案例，演示mixin的定义、功能和使用方法。

6.17.2 实现效果

案例实现效果如下：

```
飞行中...
行走中...
```

6.17.3 案例实现

案例实现代码如下：

```dart
// 定义mixin
mixin Fly {
  bool canFly = true;
  void flying() {
    if (canFly) {
      print('飞行中...');
    }
  }
}
mixin Walk {
  bool canWalk = true;
  void walking() {
    if (canWalk) {
      print('行走中...');
    }
  }
}

// 定义具有 Fly 和 Walk 特性的类 Dove, 利用 with 使用 mixins
class Dove with Fly, Walk {}

void main() {
  var d = new Dove();
  d.flying(); // 使用从mixin类Fly中获得的方法
```

```
    d.walking();  // 使用从mixin类Walk中获得的方法
}
```

6.17.4 知识要点

（1）mixin 的中文意思是混入，就是在类中混入其他功能，也就是给类添加新的特征。可以把 mixin 理解为一种特殊的类，它实现了类的多继承功能，从而解决了 Dart 中类不能进行多继承的问题。

（2）mixin 的特殊之处在于，它只能继承 Object，不能继承其他类，它没有构造函数，其功能就是为其他类添加新特征，相当于其他类的子类。

6.18 案例：多个 mixin

多个mixin

6.18.1 案例描述

设计一个案例，演示一个类拥有多个 mixin 的实现方法和功能。

6.18.2 实现效果

案例实现效果如下：

```
Person: 张三----20
this is B
this is B
this is B
B is running...
```

6.18.3 案例实现

案例实现代码如下：

```
class Person {
  String name;
  num age;
  Person(this.name, this.age);
  printInfo() {
    print('Person: ${this.name}----${this.age}');
  }

  void run() {
    print("Person is running...");
  }
}

mixin A {
  String info = "this is A";
```

```dart
    void printA() {
      print(info);
    }

    void run() {
      print("A is running...");
    }
  }

  mixin B {
    String info = "this is B";
    void printB() {
      print(info);
    }

    void run() {
      print("B is running...");
    }
  }

  // 创建继承具有 A 类和 B 类特性的 Person 类的子类 C
  class C extends Person with A, B {
    //with 后面的类的顺序是 A, B
    C(String name, num age) : super(name, age);
  }

  void main() {
    var c = new C('张三', 20); // 创建 C 类对象
    c.printInfo(); // Person: 张三----20
    c.printA(); // this is B
    c.printB(); // this is B
    print(c.info); // this is B
    c.run(); // B is running...
  }
```

6.18.4 知识要点

（1）一个类在继承另一个类的同时可以拥有多个 mixin。

（2）当一个类拥有多个 mixin 时，如果这些 mixin 中具有相同的属性或方法，则后面 mixin 中的属性和方法会覆盖前面 mixin 中的属性和方法，例如本案例中，如果将 C 类的构造方法修改为：

```dart
class C extends Person with B, A { //with 后面的类的顺序是 A, B
  C(String name, num age) : super(name, age);
}
```

代码修改后，本案例的运行结果是：

```
Person: 张三----20
this is A
this is A
this is A
A is running...
```

从运行结果可以看出，c.info 的结果是 this is A，c.run() 的结果是 A is running...，属性和方法都来自 A 类。

6.19 案例：mixin 和接口

mixin和接口

6.19.1 案例描述

设计一个案例，演示综合利用 mixin 和接口实现不同类型汽车组装的方法。

6.19.2 实现效果

案例实现效果如下：

```
Tyre is here.
Work with oil...
Tyre is here.
Work with Electric...
```

6.19.3 案例实现

案例实现代码如下：

```
void main() {
  Car car = new Car();
  car.work(); // Work with oil.
  car.run(); // Tyre is running...
  Bus bus = new Bus();
  bus.work(); //  Work with Electric.
  bus.run(); // Tyre is running...
}

// 定义引擎抽象类(接口)
abstract class Engine {
  void work();
}

// 这里都是使用的 implement 而不使用 extends 继承,
// 是因为使用 extends 后就不能使用 mixin
// 定义汽油引擎类
mixin OilEngine implements Engine {
```

```
  @override
  void work() {
    print("Work with oil.");
  }
}

// 定义电动引擎类
mixin ElectricEngine implements Engine {
  @override
  void work() {
    print("Work with Electric.");
  }
}

// 定义轮胎类
class Tyre {
  late String name;
  void run() {
    print("Tyre is running...");
  }
}

class Car extends Tyre with OilEngine {
} // 可以简写为: class Car = Tyre with OilEngine;

// 如果一个类没有属性和方法，而是由其他类组合而来，就可以使用以下简写模式
class Bus = Tyre with ElectricEngine; // 使用mixin组装一个电动引擎的公交车
```

6.19.4 知识要点

（1）mixin 类只能继承 Object 类，不能继承其他类，因此，如果要使用其他类中的属性和方法，可以通过接口实现。

（2）使用关键字 with 可以为一个类添加一个或多个 mixin，即为类添加一个或多个特征。

（3）如果一个类没有自己的属性和方法，而是由其他类组合而成，就可以使用简写模式。例如，以下代码定义了一个 Bus 类，它是由 Tyre 类和 ElectricEngine 类（mixin）组合而成：

```
class Bus = Tyre with ElectricEngine;
```

6.20 案例: mixin 和多重继承

6.20.1 案例描述

设计一个案例，实现图 6.1 所示的各种动物之间的关系，并利用 mixin 为相关动物添加相应特征。

第 6 章　面向对象编程

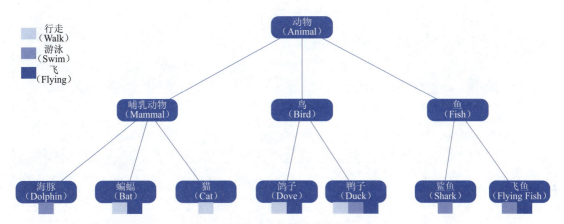

图 6.1　动物关系及特征

6.20.2　实现效果

案例实现效果如下:

```
***** Here is Dolphin *****
--- Animal is here ---
+++ Mammal is here +++
swimming...

***** Here is Bat *****
--- Animal is here ---
+++ Mammal is here +++
flying...
walking...

***** Here is Cat *****
--- Animal is here ---
+++ Mammal is here +++
walking...

***** Here is Dove *****
--- Animal is here ---
@@@ Bird is here @@@
Dove is flying...
walking...

***** Here is Duck *****
--- Animal is here ---
@@@ Bird is here @@@
Duck is flying...
swimming...
Duck is walking...

***** Here is Shark *****
```

```
--- Animal is here ---
### Fish is here ###
swimming...

***** Here is FlyingFish *****
--- Animal is here ---
### Fish is here ###
FlyingFish is flying...
swimming...
```

6.20.3 案例实现

案例实现代码如下:

```dart
abstract class Animal {
  Animal() {
    print('--- Animal is here ---');
  }
}

abstract class Mammal extends Animal {
  Mammal() {
    print('+++ Mammal is here +++');
  }
}

abstract class Bird extends Animal {
  Bird() {
    print('@@@ Bird is here @@@');
  }
}

abstract class Fish extends Animal {
  Fish() {
    print('### Fish is here ###');
  }
}

// 行走行为
mixin Walk {
  void walk() {
    print('walking...');
  }
}
// 游泳行为
mixin Swim {
  void swim() {
    print('swimming...');
  }
```

```dart
}

// 飞翔行为，由于这个是抽象方法，所以必须在要实现，不能调用super.flying()
mixin Flying {
  void flying() {
    print('flying...');
  }
}

class Dolphin = Mammal with Swim; // 海豚是可以游泳的哺乳动物
class Bat = Mammal with Flying, Walk; // 蝙蝠可以飞翔、行走
class Cat = Mammal with Walk; // 猫可以行走，这里没有重写Walk中的方法

// 鸽子是鸟类，可以行走、飞翔
class Dove extends Bird with Flying, Walk {
  @override
  void flying() {
    print('Dove is flying...');
  }
}

// 鸭子可以行走、飞翔及游泳
class Duck extends Bird with Walk, Flying, Swim {
  @override
  void flying() {
    print('Duck is flying...');
  }

  @override
  void walk() {
    print('Duck is walking...');
  }
}

// 鲨鱼可以游泳
class Shark = Fish with Swim;

// 飞鱼可以飞翔及游泳
class FlyingFish extends Fish with Flying, Swim {
  @override
  void flying() {
    print('FlyingFish is flying...');
  }
}

void main(List<String> args) {
  print('***** Here is Dolphin *****');
  Dolphin dolphin = Dolphin();
  dolphin.swim(); //swimming...
```

```
    print('\n***** Here is Bat *****');
    Bat bat = new Bat();
    bat.flying(); //flying...
    bat.walk(); //walking...

    print('\n***** Here is Cat *****');
    Cat cat = new Cat();
    cat.walk(); //walking...

    print('\n***** Here is Dove *****');
    Dove dove = new Dove();
    dove.flying(); //Dove is flying...
    dove.walk(); //walking...

    print('\n***** Here is Duck *****');
    Duck duck = new Duck();
    duck.flying(); //Duck is flying...
    duck.swim(); //swimming...
    duck.walk(); //Duck is walking...

    print('\n***** Here is Shark *****');
    Shark shark = Shark();
    shark.swim(); //swimming...

    print('\n***** Here is FlyingFish *****');
    FlyingFish flyingFish = FlyingFish();
    flyingFish.flying(); //FlyingFish is flying...
    flyingFish.swim(); //swimming...
}
```

6.20.4 知识要点

（1）如果在一个抽象类中只定义了构造方法，那么该抽象类可以被另一个抽象类继承，而且在子抽象类中可以不用显式调用父抽象父类的构造方法。

（2）子类可以覆盖父类的方法，如果子类覆盖了父类的方法，子类对象在调用该覆盖方法时，首先调用自己的方法。

（3）mixin 的功能类似接口，但 mixin 中的方法可以有方法体。

习 题 6

1. Dart 在创建对象时必须使用 new 关键字。　　　　　　　　　　　　　　　（　　）
   A．正确　　　　　　　　　　　　　　　　B．错误
2. 默认构造函数不允许重载，即同一个类中不能定义多个默认构造函数。　　（　　）
   A．正确　　　　　　　　　　　　　　　　B．错误

3．一个类中如果没有显式定义构造函数，则该类中就没有构造函数。（　　）
    A．正确　　　　　　　　　　　　　　　B．错误

4．一个类可以定义多个命名构造函数。（　　）
    A．正确　　　　　　　　　　　　　　　B．错误

5．常量构造函数必须使用const关键字声明，并且类中的所有属性都必须使用const修饰。
（　　）
    A．正确　　　　　　　　　　　　　　　B．错误

6．声明常对象时必须使用const关键字，创建常对象时必须使用new关键字。（　　）
    A．正确　　　　　　　　　　　　　　　B．错误

7．类的实例属性可以在初始化列表中进行初始化。（　　）
    A．正确　　　　　　　　　　　　　　　B．错误

8．重定向构造函数是指利用this关键字实现构造函数的重定向，即在创建对象时通过该构造函数转向默认构造函数，但不能转向命名构造函数。（　　）
    A．正确　　　　　　　　　　　　　　　B．错误

9．静态成员又称类成员，它是随着类的创建而创建的。（　　）
    A．正确　　　　　　　　　　　　　　　B．错误

10．在静态方法中可以使用实例成员。（　　）
    A．正确　　　　　　　　　　　　　　　B．错误

11．在实例方法中可以使用静态成员。（　　）
    A．正确　　　　　　　　　　　　　　　B．错误

12．在Dart中对对象实例属性的访问实际上都是调用getter方法，对对象实例属性的赋值实际上是调用了setter方法。（　　）
    A．正确　　　　　　　　　　　　　　　B．错误

13．setter方法只能接收一个参数，其调用方法与给属性赋值一样。（　　）
    A．正确　　　　　　　　　　　　　　　B．错误

14．对象可以利用级联操作符".."连续调用其属性和方法。（　　）
    A．正确　　　　　　　　　　　　　　　B．错误

15．如果一个类实现了call方法，则该类的对象可以直接使用该方法。（　　）
    A．正确　　　　　　　　　　　　　　　B．错误

16．子类可以通过super或this关键字使用父类的实例成员，也可以直接使用。（　　）
    A．正确　　　　　　　　　　　　　　　B．错误

17．Dart语言采用多继承方式，即一个类可以有多个父类。（　　）
    A．正确　　　　　　　　　　　　　　　B．错误

18．静态成员也可以被继承。（　　）
    A．正确　　　　　　　　　　　　　　　B．错误

19．构造函数的执行顺序是：先执行子类构造函数体，再执行父类构造函数。（　　）
    A．正确　　　　　　　　　　　　　　　B．错误

20．如果父类中显式定义了参构造函数，那么子类可以不用显式定义构造函数。（　　）
    A．正确　　　　　　　　　　　　　　　B．错误

21．子类构造函数中如果要调用父类构造函数，则必须在初始化列表中利用super关键字调用。（　　）
　　A．正确　　　　　　　　　　　　　　B．错误
22．方法覆写是指子类重新定义了父类中的方法，实现了对父类功能的扩展。（　　）
　　A．正确　　　　　　　　　　　　　　B．错误
23．要定义操作符覆写函数，必须使用operator关键字。（　　）
　　A．正确　　　　　　　　　　　　　　B．错误
24．多态性是指将子类对象赋值给父类对象的引用，父类对象引用调用不同子类中的同名函数时得到的执行结果是不同的。（　　）
　　A．正确　　　　　　　　　　　　　　B．错误
25．接口既可以是抽象类，也可以是非抽象类。（　　）
　　A．正确　　　　　　　　　　　　　　B．错误
26．实现接口的类，必须实现接口中所有的属性和方法。（　　）
　　A．正确　　　　　　　　　　　　　　B．错误
27．一个类在继承另一个类的同时可以拥有多个mixin。（　　）
　　A．正确　　　　　　　　　　　　　　B．错误
28．当一个类拥有多个mixin时，如果这些mixin中具有相同的属性或方法，则前面mixin中的属性和方法会覆盖后面mixin中的属性和方法。（　　）
　　A．正确　　　　　　　　　　　　　　B．错误
29．如果在一个抽象类中只定义了构造方法，那么该抽象类可以被另一个抽象类继承，而且在子抽象类中可以不用显式调用父抽象父类的构造方法。（　　）
　　A．正确　　　　　　　　　　　　　　B．错误
30．如果子类覆盖了父类的方法，当子类对象调用该方法时，默认调用父类中的方法。（　　）
　　A．正确　　　　　　　　　　　　　　B．错误
31．抽象类中只能定义抽象方法，不能定义非抽象方法。（　　）
　　A．正确　　　　　　　　　　　　　　B．错误
32．抽象方法不能使用abstract关键字修饰。（　　）
　　A．正确　　　　　　　　　　　　　　B．错误
33．抽象类中可以没有抽象方法，但有抽象方法的类一定是抽象类。（　　）
　　A．正确　　　　　　　　　　　　　　B．错误
34．抽象类的非抽象子类可以不实现父类中的抽象方法。（　　）
　　A．正确　　　　　　　　　　　　　　B．错误
35．抽象类的子类不能是抽象类。（　　）
　　A．正确　　　　　　　　　　　　　　B．错误
36．一个带有mixin的类，其对象可以使用mixin中定义的方法。（　　）
　　A．正确　　　　　　　　　　　　　　B．错误
37．一个类要使用mixin，需要利用with关键字。（　　）
　　A．正确　　　　　　　　　　　　　　B．错误

38．以下代码的运行结果是（　　）

```
class Point {
  late num x;
  late num y;
}

void main() {
  var point = Point();
  point.x = 4;
  point.y = 5;
  print('(${point.x}, ${point.y})');
}
```

　　A．(4, 5)　　　　　　　　　　　　B．(5, 4)
　　C．(point.x, point.y)　　　　　　D．(point.y, point.x)

39．以下代码的运行结果是（　　）。

```
class Person {
  int age;
  double hight;
  String name;
  Person({this.age = 0, this.name = '', this.hight = 0});
}

void main() {
  var p1 = Person(age: 20);
  var p2 = Person(name: 'Jobs', age: 33);
  var p3 = Person(name: 'Jobs', age: 33, hight: 1.76);
  print(p1.age);
  print(p2.name);
  print(p3.hight);
}
```

　　A．20　Jobs　0.0　　　　　　　　B．33　Jobs　0.0
　　C．33　Jobs　1.76　　　　　　　　D．20　Jobs　1.76

40．以下代码的运行结果是（　　）。

```
import 'dart:io';
class Point {
  late num x, y;
  Point(this.x, this.y);
  Point.origin() {
    x = 0;
    y = 0;
  }
  Point.fromJson(Map json) {
```

```
    this.x = json['x'];
    this.y = json['y'];
  }
}

void main() {
  var p0 = Point(5, 5);
  stdout.write('p0: (${p0.x}, ${p0.y})\t');
  var p1 = Point.origin();
  stdout.write('p1: (${p1.x}, ${p1.y})\t');
  Map data = {'x': 1, 'y': 2};
  var p2 = Point.fromJson(data);
  print('p2: (${p2.x}, ${p2.y})');
}
```

  A. p0: (5, 5)   p1: (0, 0)   p2: (1, 2)
  B. p0: (0, 0)   p1: (5, 5)   p2: (1, 2)
  C. p0: (1, 2)   p1: (0, 0)   p2: (5, 5)
  D. p0: (5, 5)   p1: (1, 2)   p2: (0, 0)

41. 以下代码的运行结果是（   ）。

```
class Point {
  num x, y;
  Point.fromJson(Map json)
      : x = json['x'],
        y = json['y'];
}

void main() {
  Map data = {'x': 1, 'y': 2};
  var p1 = Point.fromJson(data);
  print('p1:(${p1.x}, ${p1.y})');
}
```

  A. p1:(2, 1)   B. p1:(1, 2)
  C. p1:(0, 0)   D. 程序运行出错

42. 以下代码的运行结果是（   ）。

```
class Cube {
  final num l;
  final num w;
  final num h;
  final num volume;
  Cube(l, w, h)
      :l = l,
        w = w,
        h = h,
```

```
        volume = l * w * h;
}

void main() {
  var c = Cube(2, 3, 6);
  print('长方体的体积为：${c.volume}');
}
```

A．构造函数的参数没有指定类型，造成程序不能运行
B．构造函数的参数与属性重名，造成程序不能运行
C．属性定义成 final，必须在定义时初始化，这里没有初始化，所以程序不能运行
D．长方体的体积为：36

43．以下代码的运行结果是（   ）。

```
class Point {
  num x, y;
  Point(this.x, this.y);
  Point.alongXAxis(num x) : this(x, 0);
}

void main() {
  var p = Point.alongXAxis(6);
  print('p:(${p.x}, ${p.y})');
}
```

  A．定义属性 x、y 时没有初始化，造成运行时出错
  B．定义属性 x、y 时前面没有添加 late 关键字修饰，造成运行时出错
  C．Point.alongXAxis 构造函数的定义有问题，造成运行时出错
  D．p:(6, 0)

44．以下代码的运行结果是（   ）。

```
class ImmutablePoint {
  final num x, y;
  const ImmutablePoint(this.x, this.y);
}

void main() {
  var p = const ImmutablePoint(2, 2);
  print('p:(${p.x}, ${p.y})');
}
```

  A．p:(2, 2)
  B．final 修饰的属性没有初始化，造成程序不能运行
  C．构造函数的前面使用了 const 关键字，造成程序不能运行
  D．创建对象时使用了 const 关键字，造成程序不能运行

45．以下代码的运行结果是（　　）。

```
class Person {
  late String name;
  late int age;
}

class Employee extends Person {
  late num salary;
}

void main() {
  var emp = Employee();
  print(emp is Person);
}
```

A．true
B．false
C．emp is Person
D．程序运行时出错

46．以下代码的运行结果是（　　）。

```
class Person {
  late String name;
  late int age;
  Person.fromJson(Map json) {
    this.name = json['name'];
    this.age = json['age'];
    print('Person.fromJson 构造函数');
  }
}

class Employee extends Person {
  late num salary;
  Employee.fromJson(Map json) : super.fromJson(json) {
    print('Employee.fromJson 构造函数');
  }
}

main() {
  Map json = {'name': '张三', 'age': 23};
  var e = Employee.fromJson(json);
  e.salary = 10968;
  print('名字: ${e.name}, 年龄: ${e.age}, 薪资: ${e.salary}');
}
```

A．Employee.fromJson 构造函数
　　Person.fromJson 构造函数
　　名字：张三，年龄：23，薪资：10968

B．Person.fromJson 构造函数
　　Employee.fromJson 构造函数
　　名字：张三，年龄：23，薪资：10968
C．Person.fromJson 构造函数
　　Employee.fromJson 构造函数
D．名字：张三，年龄：23，薪资：10968

47．以下代码的运行结果是（　　）。

```
class Person {
  void say(String msg) {
    print('Person: $msg');
  }
}

class Employee extends Person {
  @override
  void say(String msg) {
    print('Employee: $msg');
  }
}

void main() {
  var e = Employee();
  e.say("hello");
}
```

A．Person：hello   B．Employee：hello
C．没有结果   D．程序运行时出错

48．以下代码的运行结果是（　　）。

```
class Vector {
  final int x, y;
  Vector(this.x, this.y);
  Vector operator +(Vector v) => Vector(x + v.x, y + v.y);
  Vector operator -(Vector v) => Vector(x - v.x, y - v.y);
  toString() {
    return 'x:$x, y:$y';
  }
}

void main() {
  final v = Vector(2, 3);
  final w = Vector(2, 2);
  print(v + w);
  print(v - w);
}
```

A．x:4, y:5　　　　x:0, y:1　　　　B．x:0, y:1　　　　x:4, y:5
C．x:5, y:4　　　　x:-1, y:0　　　　D．程序运行时出错

49．以下代码的运行结果是（　　）。

```
class A {
  @override
  noSuchMethod(Invocation invocation) {
    print('你尝试使用一个不存在的成员：${invocation.memberName}');
  }
}

void main() {
  dynamic a = A();
  a.w;
}
```

A．你尝试使用一个不存在的成员：Symbol("w")
B．a.w
C．没有运行结果
D．程序运行出错

50．以下代码的运行结果是（　　）。

```
abstract class Person {
  void say(String msg) {
    print('Person: $msg');
  }

  void doSomething(String job);
}

class Employee extends Person {
  void doSomething(String job) {
    print('Employee: $job');
  }
}

main() {
  var e = Employee();
  e.say('hello');
  e.doSomething('打扫卫生');
}
```

A．Person: hello
B．Employee: 打扫卫生
C．Employee: hello　　Employee: 打扫卫生
D．Person: hello　　　Employee: 打扫卫生

第 7 章 泛型和异常

本章概要

本章主要介绍泛型和异常,其中泛型包括泛型集合、泛型函数、泛型类、泛型接口。

学习目标

◆ 掌握泛型集合变量的定义和使用方法。
◆ 掌握泛型函数、泛型类和泛型接口的功能、定义和使用方法。
◆ 掌握抛出异常、测试异常和捕捉异常的实现方法。

7.1 案例:泛型集合

泛型集合

7.1.1 案例描述

设计一个案例,演示泛型 List、泛型 Set 和泛型 Map 的变量定义和使用方法。

7.1.2 实现效果

案例实现效果如下:

```
1.泛型 List 的定义和使用.
list = [Seth, Kathy, Lars]
list1 = [Seth, Kathy, Lars, Smith]

2.泛型 Set 的定义和使用.
set = {Seth, Kathy, Lars}
set1 = {Seth, Kathy, Lars, Smith}
set2 = {Seth, Kathy, Lars, Smith}

3.泛型 Map 的定义和使用.
map = {qq.com: 腾讯QQ, aliyun.com: 阿里云, toutiao.com: 头条新闻}
map = {qq.com: 腾讯QQ, aliyun.com: 阿里云, toutiao.com: 头条新闻, baidu.com: 百度}
map1 = {qq.com: 腾讯QQ, aliyun.com: 阿里云, toutiao.com: 头条新闻, baidu.com: 百度}
map2 = {qq.com: 腾讯QQ, aliyun.com: 阿里云, toutiao.com: 头条新闻, baidu.com: 百度}
map3 = {10: [1, 2, 3], 20: [10, 20, 30]}
```

7.1.3 案例实现

案例实现代码如下：

```dart
void main(List<String> args) {
  //1. 泛型 List 的定义和使用.
  print('1. 泛型 List 的定义和使用.');
  var list = <String>[]; //第 1 种泛型 List 定义方式
  list.addAll(['Seth', 'Kathy', 'Lars']);
  print('list = $list'); //list = [Seth, Kathy, Lars]
  list.add('Smith'); // 正确
  // list.add(100); // 错误,不能添加非 String 类型元素

  List<String> list1 = []; //第 2 种泛型 List 定义方式
  list1.addAll(list);
  print('list1 = $list1'); //list1 = [Seth, Kathy, Lars, Smith]

  //2. 泛型 Set 的定义和使用.
  print('\n2. 泛型 Set 的定义和使用.');
  var set = <String>{}; //第 1 种泛型 Set 定义方式
  set.addAll(['Seth', 'Kathy', 'Lars']);
  print('set = $set'); //set = {Seth, Kathy, Lars}
  set.add('Smith'); // 正确
  // set.add(100); // 错误,不能添加非 String 类型元素

  var set1 = Set<String>(); //第 2 种泛型 Set 定义方式
  set1.addAll(set);
  print('set1 = $set1'); //set1 = {Seth, Kathy, Lars, Smith}

  Set<String> set2 = {}; //第 3 种泛型 Set 定义方式
  set2.addAll(set);
  print('set2 = $set2'); //set2 = {Seth, Kathy, Lars, Smith}

  //3. 泛型 Map 的定义和使用.
  print('\n3. 泛型 Map 的定义和使用.');
  // 第 1 种泛型 Map 定义方式
  var map = <String, String>{
    'qq.com': '腾讯QQ',
    'aliyun.com': '阿里云',
    'toutiao.com': '头条新闻'
  };
  print('map = $map');
  map.addAll({'baidu.com': '百度'});
  print('map = $map');
  // map.addAll({1, '100'}); // 错误,不能添加非<String,String>类型元素

  var map1 = Map<String, String>(); // 第 2 种泛型 Map 定义方式
  map1.addAll(map);
  print('map1 = ${map1}');
```

```
    Map<String, String> map2 = {}; // 第 3 种泛型 Map 定义方式
    map2.addAll(map);
    print('map2 = ${map2}');
    Map<int, List> map3 = {};
    map3.addAll({
      10: [1, 2, 3],
      20: [10, 20, 30]
    });
    print('map3 = ${map3}');
}
```

7.1.4 知识要点

（1）泛型就是类型参数化，表示给定的数据类型不是固定的，可以作为参数传入。使用泛型的好处包括更好的安全性（将运行时错误转变成编译时错误）、更好的可读性、省去强制类型转换的麻烦。

（2）泛型定义。使用 < > 来声明，通常情况下使用一个字母来代表类型参数，如 E、T、S、K 和 V 等。

（3）泛型 List。通常使用以下两种变量定义方式：

```
var list = <String>[];
List<int> list1 = [];
```

（4）泛型 Set。通常使用以下三种变量定义方式：

```
var set = <String>{};
var set1 = Set<int>();
Set<bool> set2 = {};
```

（5）泛型 Map。通常使用以下三种定义方式：

```
var map = <String, int>{};
var map1 = Map<int, bool>();
Map<bool, double> map2 = {};
```

7.2 案例：泛型函数

视频

泛型函数

7.2.1 案例描述

设计一个案例，演示泛型函数的定义、功能和使用方法。

7.2.2 实现效果

案例实现效果如下：

```
i = 123
i.runtimeType = int

str = hello
str.runtimeType = String

b = true
b.runtimeType = bool

list = [1, 2, true]
list.runtimeType = List<dynamic>

set = {Jack, 18, 75.8}
set.runtimeType = _CompactLinkedHashSet<dynamic>

map = {name: Jack, age: 18, weight: 75.8}
map.runtimeType = _InternalLinkedHashMap<dynamic, dynamic>
```

7.2.3 案例实现

案例实现代码如下:

```
void main(List<String> args) {
  // 定义泛型函数,指定函数的参数和返回值类型都是T
  T getInfo<T>(T value) {
    T temp;
    temp = value;
    return temp;
  }

  // 指定getInfo 的类型参数和返回值都是int 类型
  int i = getInfo<int>(123);
  print('i = $i'); // 123
  print('i.runtimeType = ${i.runtimeType}'); // int

  // 指定getInfo 的类型参数和返回值都是String 类型
  String str = getInfo<String>("hello");
  print('\nstr = $str'); // hello
  print('str.runtimeType = ${str.runtimeType}');

  // 指定getInfo 的类型参数和返回值都是bool 类型
  bool b = getInfo<bool>(true);
  print('\nb = $b');
  print('b.runtimeType = ${b.runtimeType}');

  // 指定getInfo 的类型参数和返回值都是List 类型
  List list = getInfo<List>([1, 'hello', true]);
  print('\nlist = $list');
  print('list.runtimeType = ${list.runtimeType}');
```

```
  // 指定 getInfo 的类型参数和返回值都是 Set 类型
  Set set = getInfo<Set>({'Jack', 18, 75.8});
  print('\nset = $set');
  print('set.runtimeType = ${set.runtimeType}');

  // 指定 getInfo 的类型参数和返回值都是 Map 类型
  Map map = getInfo<Map>({'name': 'Jack', 'age': 18, 'weight': 75.8});
  print('\nmap = $map');
  print('map.runtimeType = ${map.runtimeType}');
}
```

7.2.4 知识要点

（1）泛型函数的定义。可以将函数定义为泛型，例如：

```
T getInfo<T>(T value) {
  T temp;
  temp = value;
  return temp;
}
```

（2）函数定义中使用泛型的地方：
- 函数的返回值类型（T）；
- 参数的类型（T value）；
- 局部变量的类型（T temp）；
- 函数名后面的 <T> 负责接收 T 并确定 T 为哪种类型。

（3）泛型函数的调用。在函数返回值和函数名后面的 <> 中指定类型参数的具体类型，函数的实参提供与指定类型一致的数据，如以上泛型函数的调用方式：

```
String str = getInfo<String>("hello");
Map map = getInfo<Map>({'name': 'Jack', 'age': 18, 'weight': 75.8});
```

7.3 案例：泛型类

视频

泛型类

7.3.1 案例描述

设计一个案例，演示泛型类的定义、功能和使用方法。

7.3.2 实现效果

案例实现效果如下：

```
l1.getList() = [张三, 12, true]
l2.getList() = [李四]
```

```
l3.getList() = [11, 12]
Hello, 我是张三
Hello, 我是李四
```

7.3.3 案例实现

案例实现代码如下:

```
class MyList<T> {
  List list = <T>[]; // 定义泛型属性

  void add(T value) {
    // 定义泛型方法
    this.list.add(value);
  }

  List getList() {
    // 定义普通方法
    return list;
  }
}

// 定义泛型类,限制泛型参数类型为 String
class Person<T extends String> {
  T sayHello(T name) {
    print("Hello, 我是 $name");
    return name;
  }
}

void main(List<String> args) {
  MyList l1 = new MyList(); // 创建对象时不指定泛型类的类型
  l1.add("张三");
  l1.add(12);
  l1.add(true);
  print('l1.getList() = ${l1.getList()}'); // [张三, 12, true]

  MyList l2 = new MyList<String>(); // 创建对象时指定泛型类的类型为 String
  l2.add("李四");
  // l2.add(11); // 错误
  print('l2.getList() = ${l2.getList()}'); // [李四]

  MyList l3 = new MyList<int>(); // 创建对象时指定泛型类的类型为 int
  l3.add(11);
  l3.add(12);
  // l3.add("aaaa"); // 错误
  print('l3.getList() = ${l3.getList()}'); // [11, 12]

  Person p1 = new Person<String>(); // 限定类型的泛型类可以指定限定类型
```

```
p1.sayHello('张三'); // Hello,我是张三
Person p2 = new Person(); //限定类型的泛型类可以不指定具体类型
p2.sayHello('李四'); // Hello,我是李四
// p2.sayHello(123); // 错误,限定类型的泛型类不能使用其他类型
// Person p3 = new Person<int>();    // 错误,限定类型的泛型类不能指定其他类型
}
```

7.3.4 知识要点

（1）泛型类的定义。在类名后面使用尖括号（<>）来指定泛型参数，在指定类型参数时可以利用 extends 关键字限定泛型参数类型。声明泛型类后，类中的方法和属性都可以使用泛型。

（2）泛型类的使用。利用泛型类创建对象时，可以指定泛型类的具体类型，也可以不指定泛型类的具体类型。如果指定了泛型类的具体类型，类中的泛型属性和方法都必须使用指定类型，否则就可以使用任意类型。例如：

```
MyList l1 = new MyList(); // 不指定泛型类的类型
MyList l2 = new MyList<String>(); // 指定泛型类的类型
MyList l3 = new MyList<int>();   // 指定泛型类
Person person = new Person();    // 限定类型的泛型类不指定其他类型
```

注意：如果类中的某个属性或方法使用了泛型，则该类必须定义为泛型类。

7.4 案例：泛型接口

视频

泛型接口

7.4.1 案例描述

设计一个案例，演示泛型接口的定义和使用方法。

7.4.2 实现效果

案例实现效果如下：

```
把 '{key1: 文件数据}' 写入了缓存.
key1: 文件数据

把 '{key2: [10, hi, true]}' 写入了缓存.
key2: [10, hi, true]

把 '{key3: {1: BJ, 2: SH, 3: CQ, 4: TJ}}' 写入了缓存.
key3: {1: BJ, 2: SH, 3: CQ, 4: TJ}
```

7.4.3 案例实现

案例实现代码如下：

```dart
// 定义泛型抽象类（接口），泛型形参为 K，V
abstract class Cache<K, V> {
  V getByKey(K key); //声明泛型方法，泛型参数为 K，返回值类型为 V
  void setByKey(K key, V value); //声明泛型方法，泛型参数为 K，V
}

// 定义泛型类并实现泛型接口，实现泛型接口的类必须包含接口中的所有泛型
class FileCache<K, V> implements Cache<K, V> {
  final Map map = Map(); //定义属性

  @override //实现泛型方法，泛型形参为 K
  V getByKey(K key) {
    return map[key];
  }

  @override //实现泛型方法，泛型形参为 K，V
  void setByKey(K key, V value) {
    map[key] = value;
    print(" 把 '$map' 写入了缓存.");
  }
}

void main(List<String> args) {
  FileCache fc1 = new FileCache<String, String>(); //泛型实参为 String
  fc1.setByKey('key1', '文件数据'); //把 '{key1: 文件数据 }' 写入了缓存.
  print("key1: ${fc1.getByKey('key1')}\n"); //key1: 文件数据

  FileCache fc2 = new FileCache<String, List>(); //泛型实参为 String 和 List
  fc2.setByKey('key2', [10, 'hi', true]); //把 '{key2: [10, hi, true]}' 写入了缓存.
  print("key2: ${fc2.getByKey('key2')}\n"); //key2: [10, hi, true]

  FileCache fc3 = new FileCache<String, Map>(); //泛型实参为 String 和 Map
  fc3.setByKey('key3', {1: 'BJ', 2: 'SH', 3: 'CQ', 4: 'TJ'});
  print("key3: ${fc3.getByKey('key3')}"); //key3: {1: BJ, 2: SH, 3: CQ, 4: TJ}
}
```

7.4.4 知识要点

（1）泛型接口的定义格式。要在接口后面 <> 中添加泛型参数，定义泛型接口中的泛型方法时，可以不用声明泛型而直接使用泛型作函数的参数和返回值。示例如下：

```dart
abstract class Cache<K, V> {
  V getByKey(K key); //声明泛型方法，泛型参数为 K，返回值类型为 V
  void setByKey(K key, V value); //声明泛型方法，泛型参数为 K，V
}
```

（2）实现泛型接口的类必须是泛型类，而且泛型类中必须包含接口中的所有泛型。示例如下：

```
class FileCache<K, V, T> implements Cache<K, V>{...}   //正确
class FileCache<K> implements Cache<K, V>{...}   //错误
```

7.5 案例：异常

视频
异常

7.5.1 案例描述

设计一个案例，演示抛出异常、测试异常和捕捉异常的实现方法。

7.5.2 实现效果

案例实现效果如下：

```
异常详情：IntegerDivisionByZeroException
堆栈跟踪：#0  int.~/ (dart:core-patch/integers.dart:30:7)
#1  main (file:///d:/BaiduNetdiskWorkspace/Dart/code/ch05/exception-1.dart:8:13)
#2       _delayEntrypointInvocation.<anonymous     closure>
(dart:isolate-patch/isolate_patch.dart:295:32)
#3 _RawReceivePortImpl._handleMessage (dart:isolate-patch/isolate_patch.dart:
192:12)

Finally block executed
Age cannot be negative
```

7.5.3 案例实现

案例实现代码如下：

```dart
void main(List<String> args) {
  int x = 12;
  int y = 0;
  int res;

  try {
    // 测试异常，即将可能出现异常的语句放在 try 语句块中
    res = x ~/ y;
    print('res = $res');
  } catch (e, s) // 捕捉异常
  {
    // 处理异常
    print('异常详情: $e'); // 异常详情: IntegerDivisionByZeroException
    print('堆栈跟踪: $s');
  } finally {
    // 最后执行的语句块
    print('Finally block executed'); // Finally block executed
  }
```

```dart
try {
    // 测试并抛出异常
    test_age(-2);
} on FormatException // 使用指定 on 子句捕获指定类型异常
{
    // 处理 FormatException 类型异常
    print('Age cannot be negative'); // Age cannot be negative
}
}

void test_age(int age) {
    if (age < 0) {
        throw new FormatException(); //抛出异常
    }
}
```

7.5.4 知识要点

（1）Dart 异常是 Exception 或者 Error（包括它们的子类）类型。Exception 主要是指程序本身可以处理的异常，如输入输出异常 IOException 等；Error 是程序无法处理的错误，表示运行应用程序中出现的较严重的问题，如内存溢出 OutOfMemoryError 等。

（2）Dart 代码可以抛出并捕获异常，但与 Java 相反，Dart 的所有异常都是未检查的异常，方法不声明它们可能抛出哪些异常，也不需要捕获任何异常。

（3）抛出异常。使用 throw 抛出异常，可以采用以下三种方式：

```dart
testException(){
    throw "this is exception";
}
testException2(){
    throw Exception("this is exception");
}
void testException3() => throw Exception("test exception");
```

（4）测试、捕获和处理异常：try / on / catch / finally 块。将有可能会导致异常的代码放在 try 块中，当需要捕获指定类型异常时使用 on 块（可选块），如果需要处理异常对象时，需要使用 catch 块。try 块后面必须跟一个或多个 on / catch 块或一个 finally 块。当 try 块中发生异常时，控件将转移到 on / catch，在 try / on / catch 之后无条件执行可选的 finally 块。

语法如下：

```dart
try {
    // code that might throw an exception
}
on Exception1 {
    // exception handling code
}
catch (Exception2) {
```

```
    // exception handling
}
finally {
    // code that should always execute; irrespective of the exception
}
```

（5）捕获异常的三种方式：
◇ on 可以捕获指定类型的异常，但是获取不到异常对象。
◇ catch 可以捕获到异常对象。on 和 catch 这两个关键字可以组合使用。
◇ rethrow 可以重新抛出捕获的异常。
（6）Dart 内置异常见表 7.1。

表 7.1 Dart 内置异常

序 号	异 常 名 称	异 常 说 明
1	DeferredLoadException	延迟库无法加载时抛出
2	FormatException	当字符串或某些其他数据不具有预期格式且无法解析或处理时抛出异常
3	IntegerDivisionByZeroException	当数字除以零时抛出
4	IOException	所有与 Inupt-Output 相关的异常的基类
5	IsolateSpawnException	无法创建隔离时抛出
6	Timeout	在等待异步结果时发生计划超时时抛出

7.6 案例：自定义异常

视 频

自定义异常

7.6.1 案例描述

设计一个案例，演示自定义异常类，并抛出、捕捉和处理该异常的实现方法。

7.6.2 实现效果

案例实现效果如下：

```
Amount should be greater than zero
Ending requested operation...
```

7.6.3 案例实现

案例实现代码如下：

```
// 自定义异常类
class AmtException implements Exception {
```

```dart
  @override // 重新定义 toString()
  String toString() => 'Amount should be greater than zero';
}

void main() {
  try {
    // 测试异常
    withdraw_amt(-1);
  } catch (e) {
    // 捕捉异常
    print(e); // 处理异常，也可以将 e 修改为 e.toString()
  } finally {
    // 最后执行语句
    print('Ending requested operation...');
  }
}

// 定义函数
void withdraw_amt(int amt) {
  if (amt <= 0) {
    throw new AmtException(); // 抛出自定义的异常
  }
}
```

7.6.4 知识要点

（1）Dart 中的每个异常类型都是内置类 Exception 的子类型，因此自定义异常类必须实现 Exception 类。

（2）定义自定义异常的语法如下：

```dart
class Custom_exception_Name implements Exception {
    // 此处可以保护构造函数、变量和方法
}
```

习 题 7

1. 泛型表示给定的数据类型不是固定的，可以作为参数传入。　　　　　　　　（　　）
   A．正确　　　　　　　　　　　　　　　　B．错误
2. 以下（　　）是泛型列表的定义方法。
   A．List<int> x = [];　　　　　　　　　　B．var x = Set<int>();
   C．var x = <String>{};　　　　　　　　　D．var x = <String, int>{};
3. 以下（　　）是泛型 Map 的定义方法。
   A．List<int> x = [];　　　　　　　　　　B．var x = Set<int>();
   C．var x = <String>{};　　　　　　　　　D．var x = <String, int>{};

4．以下（　　）是泛型集合的定义方法。
   A．List<int> x = [];
   B．var x = Set<int>();
   C．Map<bool, double> x = {};
   D．var x = <String, int>{};

5．泛型函数的类型参数不能传入 List 类型。（　　）
   A．正确
   B．错误

6．泛型函数的类型参数最多只能有 1 个。（　　）
   A．正确
   B．错误

7．泛型函数的返回值类型必须是泛型。（　　）
   A．正确
   B．错误

8．定义泛型类时，类型参数的位置在（　　）。
   A．关键字 class 之前
   B．关键字 class 之后
   C．类名之前
   D．类名之后

9．定义泛型类时，可以利用 extends 来限制泛型参数的类型。（　　）
   A．正确
   B．错误

10．泛型类中的所有属性和方法都必须是泛型。（　　）
    A．正确
    B．错误

11．如果类中的某个属性或方法使用了泛型，则该类必须定义为泛型类。（　　）
    A．正确
    B．错误

12．定义泛型接口中的泛型方法时，可以不用声明泛型而直接使用泛型作函数的参数和返回值。（　　）
    A．正确
    B．错误

13．判断以下实现泛型接口的泛型类的定义是否正确。（　　）

```
class FileCache<K, V, T> implements Cache<K, V>{…}
```

   A．正确
   B．错误

14．判断以下实现泛型接口的泛型类的定义是否正确。（　　）

```
class FileCache<K> implements Cache<K, V>{…}
```

   A．正确
   B．错误

15．Dart 的所有异常都是未检查的异常，方法不声明它们可能抛出哪些异常，也不需要捕获任何异常。（　　）
    A．正确
    B．错误

16．在 try / on / catch / finally 异常处理块中，on 可以捕获指定类型的异常，但是获取不到异常对象。（　　）
    A．正确
    B．错误

17．在 try / on / catch / finally 异常处理块中，catch 可以捕获到异常对象。（　　）
    A．正确
    B．错误

18．在 try / on / catch / finally 异常处理块中，如果有异常发生，就不会执行 finally 块。

A．正确　　　　　　　　　　　　B．错误

19．自定义异常类必须实现 Exception 类。　　　　　　　　　　　　（　　）

　　A．正确　　　　　　　　　　　　B．错误

20．判断以下自定义异常的代码是否正确。　　　　　　　　　　　　（　　）

```
class Custom_exception_Name extends Exception {
    // 此处可以保护构造函数、变量和方法
}
```

　　A．正确　　　　　　　　　　　　B．错误

第 8 章 Dart 库

本章概要

本章主要介绍 Dart 库，包括核心库、数学库和转换库，其中核心库中主要介绍数字类、字符串类、URI 类、日期时间类。

学习目标

◆ 掌握 Dart 核心库中数字类、字符串类、URI 类、日期时间类的功能和使用方法。
◆ 掌握数学库和转换库的功能和使用方法。

8.1 案例：核心库数字类

8.1.1 案例描述

设计一个案例，演示 Dart 核心库中数字类的功能和使用方法。

8.1.2 实现效果

案例实现效果如下：

```
数字类型类常用属性:
4 的符号: 1
-3 的符号: -1
存储 4 所需的位数: 3
存储 1 所需的位数: 1
存储 -1 所需的位数: 1
存储 -4 所需的位数: 3
4 是偶数吗: true
3 是奇数吗: true

核心库中的数字类型类常用方法:
64 转换为十六进制: 40
64 转换为二进制: 1000000
解析 64 根据八进制转换的字符串: 52
int.parse('42') = 42
int.parse('0x42') = 66
double.parse('0.50') = 0.5
```

```
(-5.8).ceil() = -5
```

8.1.3 案例实现

案例实现代码如下:

```dart
void main(List<String> args) {
  print('数字类型类常用属性: ');
  // 查看符号
  print('4 的符号: ${4.sign}'); // 4 的符号: 1
  print('-3 的符号: ${(-3).sign}'); // -3 的符号: -1

  // 查看存储所需位数
  //4 的二进制数: 00000100
  print('存储 4 所需的位数: ${4.bitLength}'); // 存储 4 所需的位数: 3
  //1 的二进制数: 00000001
  print('存储 1 所需的位数: ${1.bitLength}'); // 存储 1 所需的位数: 1
  //-1 的二进制数: 11111111
  print('存储-1 所需的位数: ${(-1).bitLength + 1}'); // 存储-1 所需的位数: 1
  //-4 的二进制数: 11111100
  print('存储-4 所需的位数: ${(-4).bitLength + 1}'); // 存储-4 所需的位数: 3

  // 判断奇偶
  print('4 是偶数吗: ${4.isEven}'); // 4 是偶数吗: true
  print('3 是奇数吗: ${3.isOdd}'); // 3 是奇数吗: true

  print('\n核心库中的数字类型类常用方法: ');
  print('64 转换为十六进制: ${64.toRadixString(16)}'); //64 转换为十六进制: 40
  //64 根据二进制转换为字符串
  print('64 转换为二进制: ${64.toRadixString(2)}'); // 64 转换为二进制: 1000000

  // 把八进制的字符串'64'转换为 十 进制的整数
  print('解析 64 根据八进制转换的字符串: ${int.tryParse('64', radix: 8)}'); // 52

  // 将字符串解析为十进制整数
  print("int.parse('42') = ${int.parse('42')}"); //42
  print("int.parse('0x42') = ${int.parse('0x42')}"); //66
  // 将字符串解析为浮点数
  print("double.parse('0.50') = ${double.parse('0.50')}"); //0.5
  // 求大于等于给定参数的最小整数
  print('(-5.8).ceil() = ${(-5.8).ceil()}'); //-5
}
```

8.1.4 知识要点

(1) Dart 库由一组类、常量、函数、属性和异常组成。library 指令可以创建一个库,每个 Dart 文件就是一个库,即使该文件没有使用 library 指令来指定。

(2) Dart 库有三种:自定义库、系统内置库、第三方库。自定义库是开发者自己编写的库文件；系统内置库是系统自带的库文件；第三方库是由开发者发布到 Dart 仓库中的共享软件包。

（3）Dart 常用内置库见表 8.1。

表 8.1 Dart 常用内置库

库	描 述
dart:io	提供对服务器应用程序的文件、套接字、HTTP 和其他 I/O 的支持。此库在基于浏览器的应用程序中不起作用。默认情况下导入此库
dart:core	Dart 核心库，提供了对 Dart 基本数据类型和集合的支持，该库是自动导入的
dart:math	提供数学常数、数学函数和随机数生成器等
dart::convert	用于在不同数据表示之间进行转换的编码器和解码器，包括 JSON 和 UTF-8
dart:async	支持异步编程，提供了 Future 和 Stream 等类
dart:html	用于基于浏览器应用的 DOM 和其他 API
dart:svg	提供对事件和动画矢量图像的支持

（4）dart:core 库提供了对 Dart 基本数据类型和集合的支持，包括数字、字符串和集合等。其中数字类有三种：num、int 和 double，这些类具有一些处理数字的属性和方法。

数字类常用的属性包括：

◆ sign：返回整数的符号，对于 0 返回 0，对于小于 0 的数返回 -1，对于大于 0 的数返回 +1。

◆ bitLength：返回存储整数的最大位数（二进制位个数），位数不包括符号位，带符号的数需要 +1。

◆ isEven：判断此整数是不是偶数，是则返回 true，否则返回 false。

◆ isOdd：判断此整数是不是奇数，是则返回 true，否则返回 false。

数字类常用的方法包括：

◆ String toRadixString(int radix)：将整数转换为 radix 进制数的字符串表示，radix 的取值范围是 2~36。

```
// radix=2
print(12.toRadixString(2)); // 1100
print(31.toRadixString(2)); // 11111
print(2021.toRadixString(2)); // 11111100101
print((-12).toRadixString(2)); // -1100
// radix=8
print(12.toRadixString(8)); // 14
print(31.toRadixString(8)); // 37
print(2021.toRadixString(8)); // 3745
// radix=16
print(12.toRadixString(16)); // c
print(31.toRadixString(16)); // 1f
print(2021.toRadixString(16)); // 7e5
// radix=36
```

```
print((35 * 36 + 1).toRadixString(36)); // z1
```

◆ int tryParse(String source, {int radix})：将 radix 进制的字符串 source 转换为可能带符号的十进制整数，radix 取值范围是 2~36，其默认值为 10。例如：

```
//radix 默认为 10
print(int.tryParse('2021')); // 2021
print(int.tryParse('1f')); // null
// radix=2
print(int.tryParse('1100', radix: 2)); // 12
print(int.tryParse('00011111', radix: 2)); // 31
print(int.tryParse('011111100101', radix: 2)); // 2021
// radix=8
print(int.tryParse('14', radix: 8)); // 12
print(int.tryParse('37', radix: 8)); // 31
print(int.tryParse('3745', radix: 8)); // 2021
// radix=16
print(int.tryParse('c', radix: 16)); // 12
print(int.tryParse('1f', radix: 16)); // 31
print(int.tryParse('7e5', radix: 16)); // 2021
// radix=35
print(int.tryParse('y1', radix: 35)); // 1191 == 34 * 35 + 1
print(int.tryParse('z1', radix: 35)); // null
// radix=36
print(int.tryParse('y1', radix: 36)); // 1225 == 34 * 36 + 1
print(int.tryParse('z1', radix: 36)); // 1261 == 35 * 36 + 1
```

◆ int parse(String source, {int? radix, int Function(String)? onError,})：将 radix 进制的字符串 source 转换为十进制的整数。

8.2 案例：核心库字符串类

视频

核心库字符串类

8.2.1 案例描述

设计一个案例，演示 Dart 核心库中字符串类的功能和使用方法。

8.2.2 实现效果

案例实现效果如下：

```
1. 字符串查找
'Dart'.endsWith('t') = true
str1 = Dart strings
str1.contains('D') = true
str1.contains(new RegExp(r'[A-Z]')) = true
str1.contains('D', 1) = false
str1.contains(new RegExp(r'[A-Z]'), 1) = false
```

```
str2 = 123Dartisans
str2.indexOf('art') = 4
str2.indexOf(new RegExp(r'[A-Z][a-z]')) = 3
str3 = Dartisans
str3.lastIndexOf('a') = 6
str4 = Dart
str4.startsWith('D') = true
str4.startsWith(new RegExp(r'[A-Z][a-z]')) = true

2. 字符串截取
'Never odd or even'.substring(6,9) = odd
'dartlang'.substring(1) = artlang
'dartlang'.substring(1,4) = art
parts = [structured, web, apps]
parts.length = 3
parts[0] = structured
'Never odd or even'[0] = N
charList = [h, e, l, l, o]
'Never odd or even'.codeUnits.toList() = [78, 101, 118, 101, 114, 32, 111, 100, 100, 32, 111, 114, 32, 101, 118, 101, 110]
'Never odd or even'.codeUnits.toList()[0] = 78

3. 大小写转换
'structured web apps'.toUpperCase() = STRUCTURED WEB APPS
'STRUCTURED WEB APPS'.toLowerCase() = structured web apps

4. 裁剪字符串和判断字符串是否为空
'   hello   '.trim() = hello
''.isEmpty = true
' '.isNotEmpty = true

5. 字符串替换
Hello, NAME!
Hello, Bob!

6. 构建字符串
sb = Use a StringBuffer for efficient string creation.
Use a StringBuffer for efficient string creation.
sb.isEmpty = true

7. 正则表达式
allCharacters = llamas live fifteen to twenty years
someDigits = llamas live 15 to 20 years
allCharacters.contains(numbers) = false
someDigits.contains(numbers) = true
someDigits.replaceAll(numbers, 'XX') = llamas live XX to XX years
numbers.hasMatch(someDigits)=true
15
20
```

8.2.3 案例实现

案例实现代码如下：

```dart
void main(List<String> args) {
  /* 1. 字符串查找 */
  print('1. 字符串查找');
  print("'Dart'.endsWith('t') = ${'Dart'.endsWith('t')}"); //true

  var str1 = 'Dart strings';
  print('str1 = $str1'); //Dart strings
  print("str1.contains('D') = ${str1.contains('D')}"); //true
  var temp11 = str1.contains(new RegExp(r'[A-Z]'));
  print("str1.contains(new RegExp(r'[A-Z]')) = $temp11"); //true
  print("str1.contains('D', 1) = ${str1.contains('D', 1)}"); //false
  var temp12 = str1.contains(new RegExp(r'[A-Z]'), 1); //false
  print("str1.contains(new RegExp(r'[A-Z]'), 1) = $temp12");

  var str2 = '123Dartisans';
  print('str2 = $str2'); //Dartisans
  print("str2.indexOf('art') = ${str2.indexOf('art')}"); // 4
  var temp13 = str2.indexOf(new RegExp(r'[A-Z][a-z]'));
  print("str2.indexOf(new RegExp(r'[A-Z][a-z]')) = ${temp13}"); // 3

  var str3 = 'Dartisans';
  print('str3 = $str3');
  print("str3.lastIndexOf('a') = ${str3.lastIndexOf('a')}"); // 6

  var str4 = 'Dart';
  print('str4 = $str4');
  print("str4.startsWith('D') = ${str4.startsWith('D')}"); //true
  var temp14 = str4.startsWith(new RegExp(r'[A-Z][a-z]'));
  print("str4.startsWith(new RegExp(r'[A-Z][a-z]')) = ${temp14}"); //true

  /* 2. 提取子字符串 */
  print('\n2. 字符串截取');
  // 提取子字符串
  var temp21 = 'Never odd or even'.substring(6, 9);
  print("'Never odd or even'.substring(6,9) = ${temp21}"); //odd
  print("'dartlang'.substring(1) = ${'dartlang'.substring(1)}"); // artlang
  print("'dartlang'.substring(1,4) = ${'dartlang'.substring(1, 4)}"); //art

  // 根据提供的模式分割字符串
  var parts = 'structured web apps'.split(' ');
  print('parts = $parts'); // [structured, web, apps]
  print('parts.length = ${parts.length}'); // 3
  print('parts[0] = ${parts[0]}'); // structured

  //通过索引获取单个字符
  print("'Never odd or even'[0] = ${'Never odd or even'[0]}"); // N
```

```dart
// 将split()与空字符串参数一起使用以获取所有字符的列表，有利于迭代
var charList = [];
for (var char in 'hello'.split('')) {
  charList.add(char);
}
print('charList = $charList'); // [h, e, l, l, o]

// 获取字符串中的所有UTF-16代码单元
var codeUnitList = 'Never odd or even'.codeUnits.toList();
print("'Never odd or even'.codeUnits.toList() = ${codeUnitList}");
// [78, 101, 118, 101, 114, 32, 111, 100, 100, 32, 111, 114, 32, 101, 118, 101, 110]
print("'Never odd or even'.codeUnits.toList()[0] = ${codeUnitList[0]}"); // 78

/* 3. 大小写转换 */
print('\n3. 大小写转换 ');
// 转化为大写
var temp31 = 'structured web apps'.toUpperCase(); //STRUCTURED WEB APPS
print("'structured web apps'.toUpperCase() = ${temp31}");
// 转化为小写
var temp32 = 'STRUCTURED WEB APPS'.toLowerCase(); //structured web apps
print("'STRUCTURED WEB APPS'.toLowerCase() = ${temp32}");

/* 4. 裁剪字符串和判断字符串是否为空 */
print('\n4. 裁剪字符串和判断字符串是否为空 ');
// 裁剪字符串
print("'  hello  '.trim() = ${'  hello  '.trim()}"); //hello
// 检查字符串是否为空
print("''.isEmpty = ${''.isEmpty}"); // true
// 字符串中只含有空白不是空
print("'   '.isNotEmpty = ${'   '.isNotEmpty}"); // true

/* 5. 字符串替换 */
print('\n5. 字符串替换 ');
var greetingTemplate = 'Hello, NAME!';
var greeting = greetingTemplate.replaceAll(RegExp('NAME'), 'Bob');
//greetingTemplate没有改变
print(greetingTemplate); //Hello, NAME!
//greeting是替换过后的结果
print(greeting); //Hello, Bob!

/* 6. 构建字符串 */
print('\n6. 构建字符串 ');
var sb = StringBuffer();
// 向字符串缓冲区写入数据
sb
  ..write('Use a StringBuffer for ')
  ..writeAll(['efficient', 'string', 'creation'], ' ')
  ..write('.');
```

```
  print('sb = $sb'); // Use a StringBuffer for efficient string creation.
  var fullString = sb.toString();
  // 打印最终字符串
  print(fullString); // Use a StringBuffer for efficient string creation.
  // 清空字符串缓冲区
  sb.clear();
  print("sb.isEmpty = ${sb.isEmpty}"); // true

  /* 7. 正则表达式 */
  print('\n7. 正则表达式');
  var numbers = RegExp(r'\d+'); // 这是一个或多个数字的正则表达式

  var allCharacters = 'llamas live fifteen to twenty years';
  var someDigits = 'llamas live 15 to 20 years';
  print('allCharacters = $allCharacters'); //llamas live fifteen to twenty years
  print('someDigits = $someDigits'); //llamas live 15 to 20 years

  //contains() 可以使用正则表达式
  var temp71 = allCharacters.contains(numbers); //false
  print('allCharacters.contains(numbers) = $temp71');
  var temp72 = someDigits.contains(numbers); //true
  print('someDigits.contains(numbers) = $temp72');

  // 将每个匹配项替换为另一个字符串
  var exedOut = someDigits.replaceAll(numbers, 'XX');
  //llamas live XX to XX years
  print("someDigits.replaceAll(numbers, 'XX') = $exedOut");

  // 检查一个正则表达式在字符串中是否有匹配项
  print('numbers.hasMatch(someDigits)=${numbers.hasMatch(someDigits)}'); //true
  // 循环所有匹配项
  for (var match in numbers.allMatches(someDigits)) {
    print(match.group(0)); // 打印所有匹配项: 15 20
  }
}
```

8.2.4 知识要点

(1) Dart 中的字符和字符串都是 String 类型,是 UTF-16 代码单元的不变序列,可以使用正则表达式(RegExp 对象)在字符串中搜索并替换部分字符串。String 类有许多方法处理字符串。

(2) 字符串查找方法。

 ◆ bool endsWith(String other):判断此字符串是否以 other 结尾,如果是则返回 true,否则返回 false。

 ◆ bool contains(Pattern other, [int startIndex = 0]):判断此字符串是否包含其他匹配项,如果包含则返回 true。如果提供了可选参数 startIndex,则此方法从该索引处开始匹配。

 ◆ int indexOf(Pattern pattern, [int start = 0]):返回此字符串中模式的第一个匹配项的下

标，如果提供可选参数 start，则从该索引处开始匹配，没有提供则从开始匹配。如果没有匹配到，则返回 −1。
- int lastIndexOf(Pattern pattern, [int? start])：返回此字符串中模式的最后一个匹配项的位置，如果没有匹配到则返回 −1。
- bool startsWith(Pattern pattern, [int index = 0])：判断此字符串是否以特定模式字符串开头，如果此字符串以模式匹配开头则返回 true。如果提供了可选参数 index，则此方法仅在该索引处或之后匹配。

（3）字符串截取方法。
- String substring(int start, [int? end])：返回此字符串的子字符串，该子字符串从 startIndex（包含）开始到 endIndex（不包含）结束。如果不提供 endIndex 参数，则从索引 startIndex 处开始直到结束。
- List<String> split(Pattern pattern)：在 pattern 匹配项处拆分字符串，并返回子字符串列表。

（4）大小写转换方法。
- String toLowerCase()：将此字符串中的所有字符转换为小写。
- String toUpperCase()：将此字符串中的所有字符转换为大写。

（5）裁剪和空字符串方法。
- String trim()：返回没有任何前导和尾随空格的字符串。
- String trimLeft()：返回没有任何前导空格的字符串。
- String trimRight()：返回没有任何尾随空格的字符串。

（6）字符串替换方法。
- String replaceAll(Pattern from, String replace)：使用 replace 替换所有匹配的子字符串 from。

（7）构建字符串方法。

StringBuffer 是一个有效的串联字符串的类，允许使用 write*() 方法增量构建字符串，在调用 toString() 方法时，StringBuffer 才会创建新的 String 对象。
- void clear()：清除字符串缓冲区
- void write(Object? object)：将已转换为字符串的 object 的内容添加到缓冲区。
- void writeAll(Iterable<dynamic> objects, [String separator = ""])：遍历给定对象并按顺序写入它们，可选参数 separator 用于写入时的分隔符，该参数是可选的。

（8）正则表达式又称规则表达式（regular expression，在代码中常简写为 regex、regexp 或 RE），是对字符串［包括普通字符（如 a 到 z 之间的字母）和特殊字符（称为"元字符"）］操作的一种逻辑公式，就是用事先定义好的一些特定字符及这些特定字符的组合组成一个"规则字符串"，这个"规则字符串"用来表达对字符串的一种过滤逻辑。正则表达式是一种文本模式，该模式描述在搜索文本时要匹配的一个或多个字符串。

（9）RegExp 类用于创建正则表达式对象，其构造函数如下：

```
RegExp(
  String source, {
```

```
  bool multiLine = false,
  bool caseSensitive = true,
  bool unicode = false,
  bool dotAll = false,
})
```

8.3 案例：核心库 URI 类

8.3.1 案例描述

设计一个案例，演示 Dart 核心库中 URI 类的功能和使用方法。

8.3.2 实现效果

案例实现效果如下：

```
uri1 = https://example.org/api?foo=some message
Uri.encodeFull(uri1) = https://example.org/api?foo=some%20message
Uri.decodeFull(encoded) = https://example.org/api?foo=some message
Uri.encodeComponent(uri1) https%3A%2F%2Fexample.org%2Fapi%3Ffoo%3Dsome%20message
Uri.decodeComponent(encoded) = https://example.org/api?foo=some message
uri2 = https://example.org:8080/foo/bar#frag
uri2.scheme = https
uri2.host = example.org
uri2.port = 8080
uri2.path = /foo/bar
uri2.fragment = frag
uri2.origin = https://example.org:8080
uri3 = https://example.org/foo/bar#frag
```

8.3.3 案例实现

案例实现代码如下：

```dart
void main(List<String> args) {
  var uri1 = 'https://example.org/api?foo=some message';
  print('uri1 = $uri1');

  var encoded = Uri.encodeFull(uri1); // 编码 URI
  print("Uri.encodeFull(uri1) = $encoded");
  //https://example.org/api?foo=some%20message

  var decoded = Uri.decodeFull(encoded); // 解码 URI
  print("Uri.decodeFull(encoded) = $decoded");
  //https://example.org/api?foo=some message
```

```dart
// 编码URI及组件
encoded = Uri.encodeComponent(uri1);
print("Uri.encodeComponent(uri1) = $encoded");
//https%3A%2F%2Fexample.org%2Fapi%3Ffoo%3Dsome%20message

// 解码URI及组件
decoded = Uri.decodeComponent(encoded);
print("Uri.decodeComponent(encoded) = $decoded");
//https://example.org/api?foo=some message

// 将URI字符串转换为对象
var uri2 = Uri.parse('https://example.org:8080/foo/bar#frag');
print("uri2 = $uri2"); //https://example.org:8080/foo/bar#frag

// 访问URI对象的各个组件
print("uri2.scheme = ${uri2.scheme}"); // https
print("uri2.host = ${uri2.host}"); // example.org
print("uri2.port = ${uri2.port}"); // 8080
print("uri2.path = ${uri2.path}"); // /foo/bar
print("uri2.fragment = ${uri2.fragment}"); //frag
print("uri2.origin = ${uri2.origin}"); // https://example.org:8080

// 构建URI对象
var uri3 = Uri(
    scheme: 'https', // 协议类型
    host: 'example.org', // 服务器地址
    path: '/foo/bar', // 文件路径
    fragment: 'frag'); // 片段标识符
print("uri3 = $uri3"); // https://example.org/foo/bar#frag
}
```

8.3.4 知识要点

（1）URI（uniform resource identifier，统一资源标识符）是一个用于标识某一互联网资源名称的字符串。Web上可用的每种资源，包括HTML文档、图像、视频片段、程序等都由一个URI进行定位。Web上地址的基本形式是URI，它有两种形式：一种是URL（uniform resource locator），这是目前URI的最普遍形式；另一种就是URN（uniform resource name），这是URL的一种更新形式，URN不依赖位置，并且有可能减少失效连接的个数。

（2）核心库中的URI类提供了对URI中使用的字符串进行编码和解码的函数。这些函数能够处理URI中的专用字符，如"&"和"="。URI类还解析并公开URI的组件，如协议、主机和端口等。

（3）编码和解码标准URI函数。

- ❖ String encodeFull(String uri)：使用百分比编码对字符串进行编码，使其可以安全地用作完整的URI。除大写字母和小写字母、数字和字符外的所有字符均按百分比编码。这是ECMA-262版本5.1中为encodeURI函数指定的字符集。
- ❖ String decodeFull(String uri)：解码uri中的百分比编码。这些方法非常适合编码或解码

完全标准的 URI，而保留完整特殊的 URI 字符。

（4）编码和解码 URl 组件函数。

- String encodeComponent(String component)：使用百分比编码对 component 进行编码，使其可以安全地用作 URI 组件。
- String decodeComponent(String encodedComponent)：解码 encodeComponent 中的百分比编码。

注意：对 URI 组件进行解码可能会更改其含义，因为某些解码的字符可能具有给定 URI 组件类型的分隔符的字符。在解码各个部分之前，需使用该组件的分隔符来拆分 URI 组件。

（5）解析 URIs 函数。

- Uri parse(String uri, [int start = 0,int? end])：通过解析 uri 字符串创建一个 Uri 对象。如果提供了 start 和 end，则它们必须指定 uri 的有效子字符串，并且只有从 start 到 end 的子字符串才被解析为 URI。
- Uri({String scheme, String userInfo, String host, int port, String path, Iterable < String > pathSegments, String query, Map <String, dynamic> queryParameters, String fragment})：使用 Uri 组件构建 Uri 对象。

如果有一个 Uri 对象或 URI 字符串，可以使用 Uri 属性获取其组成部分，如 path，如果要从字符串创建 Uri 对象，需要使用 parse() 静态方法。

8.4 案例：核心库日期时间类

核心库日期时间类

8.4.1 案例描述

设计一个案例，演示 Dart 核心库中日期时间类的功能和使用方法。

8.4.2 实现效果

案例实现效果如下：

```
DateTime.now() = 2023-07-18 17:21:28.081
now: 2023-7-18
now.timeZoneName = 中国标准时间
now.isUtc = false
DateTime(2000) = 2000-01-01 00:00:00.000
DateTime(2000, 1, 2) = 2000-01-02 00:00:00.000
DateTime.utc(2000) = 2000-01-01 00:00:00.000Z
DateTime.tryParse('2000-01-01T00:00:00Z') = 2000-01-01 00:00:00.000Z
DateTime.daysPerWeek = 7
DateTime.monthsPerYear = 12
DateTime.fromMicrosecondsSinceEpoch(0) = 1970-01-01 08:00:00.000
```

8.4.3 案例实现

案例实现代码如下：

```
void main(List<String> args) {
  var now = DateTime.now(); // 获取当前日期和时间
  print("DateTime.now() = $now"); //2023-07-18 17:21:28.081
  print('now: ${now.year}-${now.month}-${now.day}'); //now: 2023-7-18
  print('now.timeZoneName = ${now.timeZoneName}'); // 中国标准时间
  print('now.isUtc = ${now.isUtc}'); //false

  var t1 = DateTime(2000); // 使用本地时区创建一个新的 DateTime
  print("DateTime(2000) = $t1"); //2000-01-01 00:00:00.000
  var t2 = DateTime(2000, 1, 2); // 指定月份和日期
  print("DateTime(2000, 1, 2) = $t2"); //2000-01-02 00:00:00.000
  var t3 = DateTime.utc(2000); // 指定日期使用 UTC 时间
  print("DateTime.utc(2000) = $t3"); //2000-01-01 00:00:00.000Z
  var t4 = DateTime.tryParse('2000-01-01T00:00:00Z'); // 解析 ISO 8601 日期
  print("DateTime.tryParse('2000-01-01T00:00:00Z') = $t4");
  //2000-01-01 00:00:00.000Z
  print("DateTime.daysPerWeek = ${DateTime.daysPerWeek}"); // 7
  print("DateTime.monthsPerYear = ${DateTime.monthsPerYear}"); // 12
  final epoch = DateTime.fromMicrosecondsSinceEpoch(0); // 纪元时间
  print("DateTime.fromMicrosecondsSinceEpoch(0) = $epoch");
  // 1970-01-01 08:00:00.000
}
```

8.4.4 知识要点

日期时间类（DateTime）表示一个日期和时间，可以采用世界统一时间 UTC（universal time coordinated）或本地时区来生成时间对象。DateTime 有以下构造函数：

（1）DateTime(int year, [int month = 1, int day = 1, int hour = 0, int minute = 0, int second = 0, int millisecond = 0, int microsecond = 0]）：根据本地时区来创建 DateTime 实例。

（2）DateTime.now()：使用本地时区中的当前日期和时间构造一个 DateTime 实例。

（3）Date Time.utc(int year, Cint month = 1, int day = 1, int hour = 0, int minute = 0, int second = 0, int millisecond = 0, int microsecond= 0）：使用 UTC 构造一个 DateTime 实例。

此外，可以利用 DateTime? tryParse(String formattedString) 方法，通过解析字符串 formattedString 来构造一个 DateTime 实例，如果解析出错则返回 null。

8.5 案例：数学库

8.5.1 案例描述

设计一个案例，演示 dart:math 数学库的功能和使用方法。

8.5.2 实现效果

案例实现效果如下：

```
max(100, 200) = 200
min(100, -100) = -100
e = 2.718281828459045
pi = 3.141592653589793
sqrt2 = 1.4142135623730951
sqrt1_2 = 0.7071067811865476
ln2 = 0.6931471805599453
ln10 = 2.302585092994046
log2e = 1.4426950408889634
log10e = 0.4342944819032518
Random().nextDouble() = 0.52251882776773
Random().nextInt(100) = 43
Random().nextBool() = true
pow(10, 3) = 1000
exp(3) = 20.085536923187668
sqrt(10) = 3.1622776601683795
log(e) = 1.0
sin(pi / 2) = 1.0
cos(pi) = -1.0
asin(-1) = -1.5707963267948966
acos(1) = 0.0
```

8.5.3 案例实现

案例实现代码如下:

```dart
import 'dart:math'; //加载数学库

void main() {
  // 取最大或最小值的函数
  print('max(100, 200) = ${max(100, 200)}'); // 200
  print('min(100, -100) = ${min(100, -100)}'); // -100

  // 常量
  print('e = $e'); // 2.718281828459045
  print('pi = $pi'); // 3.141592653589793
  print('sqrt2 = $sqrt2'); // 1.4142135623730951
  print('sqrt1_2 = $sqrt1_2'); // 0.7071067811865476
  print('ln2 = ${ln2}'); // 0.6931471805599453
  print('ln10 = ${ln10}'); // 2.302585092994046
  print('log2e = ${log2e}'); // 1.4426950408889634
  print('log10e = ${log10e}'); // 0.4342944819032518

  // 随机数
  print('Random().nextDouble() = ${Random().nextDouble()}'); // 在0.0和1.0之间
  print('Random().nextInt(100) = ${Random().nextInt(100)}'); // 在0和99之间
  print('Random().nextBool() = ${Random().nextBool()}'); //true 或者 false

  // 其他数学函数
```

```
    print('pow(10, 3) = ${pow(10, 3)}'); // 1000
    print('exp(3) = ${exp(3)}'); // 20.085536923187668
    print('sqrt(10) = ${sqrt(10)}'); // 3.1622776601683795
    print('log(e) = ${log(e)}'); // 1.0
    print('sin(pi / 2) = ${sin(pi / 2)}'); // 1.0
    print('cos(pi) = ${cos(pi)}'); // -1.0
    print('asin(-1) = ${asin(-1)}'); // -1.5707963267948966
    print('acos(1) = ${acos(1)}'); // 0.0
}
```

8.5.4 知识要点

（1）数学库（dart:math）提供了常用数学函数，如正弦和余弦、最大值和最小值等，以及常数，如 pi 和 e 等。数学库中的大多数功能都作为顶层方法使用。

（2）要在应用中使用数学库，需导入 dart:math 库。

（3）数学常量。库中定义了常用的数学常量，包括 e、pi、sqrt2 等。

（4）常用数学函数：

- T max<T extends num>(T a, T b)：返回两个参数中的较大者。
- T min<T extends num>(T a, T b)：返回两个参数中的较小者。
- double sqrt(num x)：将 x 转换为 double 类型并返回值的正平方根，如果 x 为 −0.0，则返回 −0.0，如果 x 为负或 NaN，则返回 NaN。
- (new) Random Random([int? seed])：创建一个随机数生成器。可选的 seed 参数用于初始化生成器的内部状态。
- bool nextBool()：随机生成一个布尔值。
- double nextDouble()：生成非负的随机浮点值，该值均匀地分布在从 0.0（含）到 1.0（不含）之间。
- int nextInt(int max)：生成一个非负的随机整数，其范围为 0（含）到 max（不包括）之间均匀分布。

8.6 案例：转换库

视频

转换库

8.6.1 案例描述

设计一个案例，演示 Dart 转换库 dart:convert 的功能和使用方法。

8.6.2 实现效果

案例实现效果如下：

```
jsonString = [{"score": 40},{"score": 80}]
jsonDecode(jsonString) = [{score: 40}, {score: 80}]
scores1 is List = true
scores1[0] = {score: 40}
scores1[0]['score'] = 40
```

```
    scores1[0] is Map = true
    jsonText = [{"score":40},{"score":80},{"score":100,"overtime":true,"special_
guest":null}]
    funnyWord = Îñţérñåţîöñåļîžåţîòñ
    encoded = [195, 142, 195, 177, 197, 163, 195, 169, 114, 195, 177, 195, 165, 197,
163, 195, 174, 195, 182, 195, 177, 195, 165, 196, 188, 195, 174, 197, 190, 195, 165, 197,
163, 195, 174, 225, 187, 157, 195, 177]
    compare = true
    encoded[0] = 195, utf8Bytes[0] = 195
```

8.6.3 案例实现

案例实现代码如下:

```
import 'dart:convert';    // 导入转换库

void main() {
  /** 编码和解码 JSON */

  // 确保在JSON字符串中使用双引号（"），不能使用单引号（'）
  var jsonString = '[{"score": 40},{"score": 80}]';
  print('jsonString = $jsonString'); // [{"score": 40},{"score": 80}]
  // 将JSON字符串解码为列表
  var scores1 = jsonDecode(jsonString);
  print('jsonDecode(jsonString) = $scores1'); // [{score: 40}, {score: 80}]
  print("scores1 is List = ${scores1 is List}"); // true

  print('scores1[0] = ${scores1[0]}'); // {score: 40}
  print("scores1[0]['score'] = ${scores1[0]['score']}"); // 40
  print('scores1[0] is Map = ${scores1[0] is Map}'); // true

  var scores2 = [
    {'score': 40},
    {'score': 80},
    {'score': 100, 'overtime': true, 'special_guest': null}
  ];
  // 将列表scores2编码为JSON格式字符串
  var jsonText = jsonEncode(scores2);
  print("jsonText = $jsonText"); // [{"score":40},{"score":80},
  // {"score":100,"overtime":true,"special_guest":null}]

  /** 解码和编码UTF-8字符 */
  // ignore: omit_local_variable_types
  List<int> utf8Bytes = [
    0xc3, 0x8e, 0xc3, 0xb1, 0xc5, 0xa3, 0xc3, 0xa9, // 列表数据
    0x72, 0xc3, 0xb1, 0xc3, 0xa5, 0xc3, 0xa3, 0xc3,
    0xae, 0xc3, 0xb6, 0xc3, 0xb1, 0xc3, 0xa5, 0xc4,
    0xbc, 0xc3, 0xae, 0xc5, 0xbe, 0xc3, 0xa5, 0xc5,
    0xa3, 0xc3, 0xae, 0xe1, 0xbb, 0x9d, 0xc3, 0xb1
```

```
];
//对字节数据进行解码
var funnyWord = utf8.decode(utf8Bytes);
print("funnyWord = $funnyWord"); // Îñţérñåţîöñåļîžåţîòñ

//编码
List<int> encoded = utf8.encode('Îñţérñåţîöñåļîžåţîòñ');
print("encoded = $encoded");
/**encoded = [195, 142, 195, 177, 197, 163, 195, 169, 114, 195, 177, 195,
 * 165, 197, 163, 195, 174, 195, 182, 195, 177, 195, 165, 196, 188, 195,
 * 174, 197, 190, 195, 165, 197, 163, 195, 174, 225, 187, 157, 195, 177] *
 */
bool compare = false;
for (int i = 0; i < encoded.length; i++) {
  //比较字节是否相等
  if (encoded[i] == utf8Bytes[i]) {
    compare = true;
  }
}
print("compare = $compare"); // true
print("encoded[0] = ${encoded[0]}, utf8Bytes[0] = ${utf8Bytes[0]}");
}
```

8.6.4 知识要点

（1）转换库。实现对 JSON、UTF-8 等数据的编码和解码。JSON 是一种简单的文本格式，用于表示结构化对象和集合。UTF-8 是一种常见的可变宽度编码，可以表示 Unicode 字符集中的每个字符。dart:convert 库可在 Web 应用程序和命令行应用程序中使用。

（2）编码和解码 JSON 函数。

- JSON（JavaScript object notation）是一个序列化的对象或数组，一种轻量级的数据交换格式，易于阅读和编写，可以在多种语言之间进行数据交换，同时易于机器解析和生成。JSON 对象是由花括号括起来的用逗号分隔的成员构成，成员是键值对，键必须是由双引号引起来的字符串类型，如：

```
{"name": "John Doe", "age": 18, "address": {"country": "china", "zip-code": "10000"}}
```

- JSON 编码函数。String jsonEncode(Object? object, {Object? Function(Object?)? toEncodable}) 用于实现 JSON 编码，即将 object 转换为 JSON 字符串。只有 int、double、String、bool、null、List 或者 Map 类型的对象可以直接编码成 JSON。List 和 Map 对象进行递归编码。不能直接编码的对象有两种编码方式：一是调用 jsonEncode() 时给第二个参数赋值，这个参数是一个函数，该函数返回一个能够直接编码的对象；二是省略第二个参数，在这种情况下编码器会调用对象的 toJson() 方法。
- JSON 解码函数。dynamic jsonDecode(String source, {Object? Function(Object?, Object?)? reviver}) 用于实现解析 source 字符串并返回 JSON 对象。对于在解码过程中已解析的每个对象或列表属性都会调用一次可选的 reviver 函数。

(3)解码和编码 UTF-8 字符函数。
- UTF-8(8位元,universal character set/unicode transformation format)是针对 Unicode 的一种可变长度字符编码。它可以用来表示 Unicode 标准中的任何字符,而且其编码中的第一个字节仍与 ASCII 相容,使得原来处理 ASCII 字符的软件无须修改或只进行少部分修改便可使用。因此它逐渐成为电子邮件、网页及其他存储或传送文字的应用中优先采用的编码。
- UTF-8 编码函数。List<int> encode(String input) 用于将字符串 input 转换为 UTF-8 编码的字节列表。
- UTF-8 解码函数。String decode(List <int > codeUnits, {bool allowMalformed}) 用于将 UTF-8 代码单元解码为相应的字符串。

8.7 案例:自定义库

视频
自定义库

8.7.1 案例描述
设计一个案例,演示 Dart 自定义库的定义和使用方法。

8.7.2 实现效果
案例实现效果如下:

```
1. 使用 calculator 库
add method called in Calculator Library
modulus method called in Calculator Library
random method called in Calculator Library
10 + 20 = 30
10 % 20= 10
random: 7

2. 使用 loggerlib 和 webloggerlib 库
log method called in loggerlib msg: hello from loggerlib
log method called in webloggerlib msg: hello from webloggerlib

3. 使用 classlib 库
The area of the Rect is: 200.0
The perimeter of the Rect is: 60.0
```

8.7.3 案例实现
案例实现代码如下:
main.dart 文件代码:

```
//main.dart
import 'calculator.dart';
```

```dart
import 'loggerlib.dart';
import 'webloggerlib.dart' as web; //导入带前缀的库
import 'classlib.dart';

void main(List<String> args) {
  var num1 = 10;
  var num2 = 20;
  //调用calculator库中的函数
  print('1. 使用 calculator 库 ');
  var sum = add(num1, num2); //调用calculator库中的函数
  var mod = modulus(num1, num2); //调用calculator库中的函数
  var r = random(10); //调用calculator库中的函数
  print("$num1 + $num2 = $sum"); //求和
  print("$num1 % $num2= $mod"); //求模
  print("random: $r"); //随机数

  print('\n2. 使用 loggerlib 和 webloggerlib 库 ');
  log("hello from loggerlib"); //调用loggerlib库中的函数
  web.log("hello from webloggerlib"); //调用webloggerlib库中的函数

  print('\n3. 使用 classlib 库 ');
  Rect rect = new Rect(20, 10); //使用classlib库中定义的类
  rect.area(); //计算面积
  rect.perimeter(); //计算周长
}
```

calculator.dart 文件代码:

```dart
//calculator.dart
library calculator_lib; //声明库calculator_lib

import 'dart:math'; //import要放在library之后,导入内置库需要在库名前加dart

int add(int firstNumber, int secondNumber) {
  print("add method called in Calculator Library ");
  return firstNumber + secondNumber;
}

int modulus(int firstNumber, int secondNumber) {
  print("modulus method called in Calculator Library ");
  return firstNumber % secondNumber;
}

int random(int no) {
  print("random method called in Calculator Library ");
  return new Random().nextInt(no);
}
```

loggerlib.dart 文件代码:

```dart
//loggerlib.dart
library loggerlib; //定义库loggerlib

void log(msg) {
  print("log method called in loggerlib msg: $msg");
}
```

webloggerlib.dart 文件代码:

```dart
// webloggerlib.dart
library webloggerlib; //定义库webloggerlib

void log(msg) {
  print("log method called in webloggerlib msg: $msg");
}
```

classlib.dart 文件代码:

```dart
//classlib.dart
library Rect; //定义库Rect

class Rect {
  double width;
  double height;
  Rect(this.width, this.height);
  void area() {
    print('The area of the Rect is: ${width * height}');
  }

  void perimeter() {
    print('The perimeter of the Rect is: ${2 * (width + height)}');
  }
}
```

8.7.4 知识要点

（1）Dart 程序是由被称为库的模块化单元组成的，一个库由多个顶层声明组成，这些声明可以包含函数、变量及类等。

（2）声明库。由关键字 library 进行声明。library 指令可以创建一个库，但每个 Dart 文件都是一个库，即使不使用 library 指令来声明也可以直接使用。

（3）导入库。使用 import 指令指定一个库的命名空间，唯一必须指定的参数是库的 URI。导入内置库需要使用 dart 前缀，后跟库名。

（4）指定库前缀。如果导入两个标识符冲突的库,则可以使用 as 为一个或两个库指定前缀，使用冲突的库成员时需要在库成员前指定前缀。实际使用中并不一定在库冲突时才指定库前缀，可以为任何库指定前缀，只要它们的名字不冲突即可。

（5）导入库的一部分。库中通常定义了大量可用的库成员，而使用时可能只需其中的一部分，导入整个库会影响应用程序的性能，因此，可以使用 show 导入库的一部分成员，或使用 hide 隐藏某些库成员。例如：

```
// 只导入 collection 库中的成员 Queue 和 LinkedList
import 'dart:collection' show Queue,LinkedList;
import 'dart:math' hide sin,cos;    // 导入 math 库中除 sin 和 cos 之外的成员
```

（6）导出库。当定义了很多库且位于多个不同的文件中时，如果使用它们就需要导入所有的文件，这比较麻烦且容易出错，因此，可以单独创建一个文件，在该文件中声明库，使用 export 关键字导出其他文件中的所有库（导出库不能带有前缀），这样通过在需要的文件中导入该库就可以引用其他文件中的库。例如，本案例中创建文件 totallib.dart，在该文件中声明库 totalLib，然后导出其他库，代码如下：

```
library totalLib; // 声明库
export 'calculator.dart'; // 导出库
export 'classlib.dart';   // 导出库
export 'loggerlib.dart';  // 导出库
// export 'webloggerlib.dart' as web; // 导出库不能带有前缀
```

然后在主文件中导入 totalLib 库，就可以在主文件中直接使用其他库中定义的资源。

习 题 8

1．每个 Dart 文件就是一个库，即使该文件没有使用 library 指令来指定。（   ）
   A．正确   B．错误
2．以下不属于 Dart 库的是（   ）。
   A．自定义库   B．系统内置库
   C．第三方库   D．第四方库
3．以下代码的运行结果是（   ）。

```
print('${4.sign}');
```

   A．2   B．1   C．0   D．-1
4．以下代码的运行结果是（   ）。

```
print(' ${4.bitLength}');
```

   A．1   B．2   C．3   D．4
5．以下代码的运行结果是（   ）。

```
print('${3.isOdd}');
```

A. 1   B. 2   C. true   D. false

6. 以下代码的运行结果是（　　）。

```
print('${4.toRadixString(2)}');
```

A. 100   B. 101   C. 102   D. 103

7. 以下代码的运行结果是（　　）。

```
print('${int.tryParse('64', radix: 8)}');
```

A. 50   B. 51   C. 52   D. 53

8. 以下代码的运行结果是（　　）。

```
print("${int.parse('0x42')}")
```

A. 65   B. 66   C. 67   D. 68

9. 以下代码的运行结果是（　　）。

```
print('${(-5.8).ceil()}');
```

A. −4   B. −5   C. −6   D. −7

10. 以下代码的运行结果是（　　）。

```
print("${'Dart'.endsWith('t')}");
```

A. 1   B. 0   C. true   D. false

11. 以下代码的运行结果是（　　）。

```
var str1 = 'Dart strings';
print("${str1.contains('D', 1)}");
```

A. 1   B. 0   C. true   D. false

12. 以下代码的运行结果是（　　）。

```
var str2 = '123Dartisans';
print("${str2.indexOf('art')}");
```

A. 2   B. 3   C. 4   D. 5

13. 以下代码的运行结果是（　　）。

```
var str3 = 'Dartisans';
print("${str3.lastIndexOf('a')}");
```

A. 1   B. 2   C. 5   D. 6

14. 以下代码的运行结果是（　　）。

```
var str4 = 'Dart';
print("${str4.startsWith('D')}");
```

  A．1   B．0   C．true   D．false

15．以下代码的运行结果是（ ）。

```
var temp21 = 'Never odd or even'.substring(6, 9);
print("${temp21}");
```

  A．Never   B．odd   C．or   D．even

16．要使用数学函数，必须导入 dart:math 库。（ ）

  A．正确   B．错误

17．JSON 对象由（ ）括起来的用逗号分隔的成员构成。

  A．( )   B．[ ]   C．{ }   D．{{ }}

18．JSON 对象成员是键值对，键必须是由（ ）引起来的字符串类型。

  A．单引号   B．双引号   C．三引号   D．反引号

19．jsonEncode() 函数用于实现 JSON 编码，即将 JSON 字符串转换为 JSON 对象。

 （ ）

  A．正确   B．错误

20．encode() 函数用于将字符串转换为 UTF-8 编码的字节列表。（ ）

  A．正确   B．错误

第 9 章 异步和文件操作

本章概要

本章主要介绍异步和文件操作的相关知识，异步包括 Future 异步、async 和 await 异步、Stream 异步、StreamController 异步、生成器，文件操作包括读文件、写文件和目录操作。

学习目标

◆ 掌握异步的功能和实现方法，包括 Future 异步、async 和 await 异步、Stream 异步、StreamController 异步、同步生成器和异步生成器。

◆ 掌握文件操作方法，包括读文件、写文件和目录操作。

9.1 案例：Future 异步

9.1.1 案例描述

设计一个案例，演示 Future 异步的功能和实现方法。

9.1.2 实现效果

案例实现效果如下：

```
main start...
执行 getInt10 方法.
getRdm10()= [9, 1, 5, 3, 9, 9, 0, 8, 4, 7]
future10 start...
执行 getInt100 方法.
future100 start...
执行 getInt100 方法.
future100_2 start...
main end.
random(100) = [1, 49, 37, 64, 7, 12, 29, 32, 16, 48]
random(100_2) = [64, 19, 49, 25, 58, 56, 68, 75, 61, 81]
异步操作完成！
执行 getInt10 方法.
random(10) = [6, 1, 4, 7, 6, 8, 8, 2, 4, 9]
```

9.1.3 案例实现

案例实现代码如下：

```dart
import 'dart:math'; //加载数学库
import 'dart:async'; //加载异步库

//同步函数 返回 List 类型的值
List getRdm10() {
  print(' 执行 getInt10 方法 .');
  List list = [];
  //创建随机对象实例
  Random random = Random();
  //返回具有 10 个 0 到 10 之间元素的随机数的列表
  for (int i = 0; i < 10; i++) {
    list.add(random.nextInt(10));
  }
  return list;
}

//向函数添加 async 标记以表明是异步函数
//返回值使用 Future 包装并提供泛型参数 List
Future<List> getRdm100() async {
  print(' 执行 getInt100 方法 .');
  List list = [];
  Random random = Random();
  //返回具有 10 个 0 到 100 之间元素的随机数的列表
  for (int i = 0; i < 10; i++) {
    list.add(random.nextInt(100));
  }
  return list;
}

void main(List<String> args) {
  print('main start...');
  print('getRdm10()= ${getRdm10()}'); //同步方法，要执行完成后才能向后执行

  // 通过 Future 类的构造函数创建对象 future10
  Future<List> future10 = new Future(getRdm10);

  print('future10 start...');
  // 利用 future10 的 then 方法执行异步操作
  // then 方法的参数为回调函数，回调函数的参数为 Future 对象异步操作的返回值
  future10.then((value) => print('random(10) = $value'));

  // 利用 getRdm100() 异步函数返回 Future 对象 future100
  Future<List> future100 = getRdm100();
  print('future100 start...');
  // 利用 future100 的 then 函数执行异步操作
  future100.then((value) => print('random(100) = $value'));

  // 利用 getRdm100() 异步函数返回 Future 对象 future100_2
```

```
  Future<List> future100_2 = getRdm100();
  // 利用 future100_2 的 then、catchError 和 whenComplete 函数执行异步操作
  print('future100_2 start...');
  future100_2
      // 异步操作成功时执行，参数为回调函数，回调函数参数为异步操作返回值
      .then((Object value) => print('random(100_2) = $value'))
      // 异步调用失败时执行，参数为回调函数，回调函数的参数为捕获的异常
      .catchError((Object onError) => print('异步操作失败：$onError'))
      // 异步调用完成时执行，与是否成功无关，参数为无参回调函数
      .whenComplete(() => print('异步操作完成！'));

  print('main end.');
}
```

9.1.4 知识要点

（1）同步和异步的区别。所谓同步，是指在调用函数时，只有等被调函数执行完成并返回结果后主程序才向后执行。而异步则是相反，"调用"指令发出后，主程序继续向后执行，被调函数执行完成后再将结果返回主程序。

（2）Future 和 Stream 函数。Dart 库中有许多 Future 和 Stream 类型的函数，这些都是异步函数，它们在执行可能耗时的操作（如 I/O）时直接返回，而无须等待执行完成。

（3）async 和 await 关键字。如果在函数中使用了 await 关键字，就必须将函数标记为 async 类型。它们支持异步编程，可以编写出看起来类似于同步代码的异步代码。

（4）Future。表示异步操作的结果，它有两种状态：未完成状态和完成状态。未完成状态表示当调用异步函数时，它返回未完成的 Future，并且持续到异步函数操作完成；完成状态表示如果异步函数操作成功则返回一个值，如果操作失败则返回一个错误。

（5）创建 Future。可以通过构造函数创建，构造函数的参数是一个回调函数，回调函数的返回值类型为 Future<T> 或 T，其中 T 代表任何数据类型。使用 async 标记的函数为异步函数，异步函数会自动将返回值包装成 Future。

（6）使用 Future。可以使用 Future 类提供的 then、catchError 和 whenComplete 方法对 Future 对象进行处理。当异步操作成功时执行 then 方法，该方法的参数为回调函数，回调函数的参数为异步操作的返回值。当异步操作失败时，执行 catchError 方法，该方法的参数为回调函数，回调函数的参数为捕获的异常。当异步操作完成时，无论执行成功还是失败，最后都会执行 whenComplete 方法，该方法接收一个无参回调函数。

9.2 案例：async 和 await 异步（一）

视频

async和await
异步（一）

9.2.1 案例描述

设计一个案例，演示 async 和 await 异步操作的功能和实现方法。

9.2.2 实现效果

案例实现效果如下：

```
main start at 2023-07-19 14:31:06.918400
download start at 2023-07-19 14:31:06.921400
download end at 2023-07-19 14:31:11.932400
result[2023-07-19 14:31:11.933400]: Hi,I come from server!
main end at 2023-07-19 14:31:11.933400
```

9.2.3 案例实现

案例实现代码如下:

```
void main() async {
  print("main start at ${DateTime.now()}");
  String content = await download(); //等待 await 操作
  //虽然 download 函数返回一个 Future<String> 对象,但是因为是加了 await,
  //所以不需要再用 Future 来接收返回值,可以直接使用 String 类型

  // Future<String> content = download(); //没有 await 的情况
  //不等待 await 操作,返回值必须是 Future 不能是 String 否则编译报错
  print("result[${DateTime.now()}]: $content");
  print("main end at ${DateTime.now()}");
}

Future<String> download() async {
  //声明 async 的函数,返回类型必须是 Future 类型
  print("download start at ${DateTime.now()}");
  await new Future.delayed(const Duration(seconds: 5)); //当前线程休眠 5 s
  print("download end at ${DateTime.now()}");
  return "Hi,I come from server!"; //自动转成 Future<String> 类型
}
```

9.2.4 知识要点

(1) async 关键字。用来修饰方法,该方法称为异步方法(耗时方法),async 关键字需要写在方法括号的后面。

(2) await 关键字。写在方法体中,用于等待某个异步方法执行完毕,所以要在调用耗时方法的时候使用。

(3) async 和 await 的关系。在 async 方法中可以有多个 await 表达式,也可以没有 await 表达式,但有 await 表达式的方法必须使用 async 标记,否则会报错。

(4) await 表达式。其值通常是 Future 类型,如果不是,则该值将自动包装在 Future 中。

9.3 案例:async 和 await 异步(二)

视频
async和await
异步(二)

9.3.1 案例描述

设计一个案例,演示利用 async 和 await 关键字实现不同异步效果的功能和方法。

9.3.2 实现效果

案例实现效果如下：

```
main start...
_testAsyncKeyword1() 开始了: 2023-07-25 18:13:25.652
_testAsyncKeyword1() 结束了: 2023-07-25 18:13:25.658
_testAsyncKeyword2() 开始了: 2023-07-25 18:13:25.658
_testAsyncKeyword3() 开始了: 2023-07-25 18:13:25.659
_testAsyncKeyword3() 结束了: 2023-07-25 18:13:25.659
_testAsyncKeyword4() 开始了: 2023-07-25 18:13:25.660
main end.
我是第三个字符串
我是第二个字符串
我是第一个字符串
我是第一个字符串
我是第二个字符串
我是第三个字符串
_testAsyncKeyword4() 结束了: 2023-07-25 18:13:26.264
我是测试字符串 ===2
我是测试字符串 ===1
我是测试字符串 ===2
我是测试字符串 ===1
_testAsyncKeyword2() 结束了: 2023-07-25 18:13:26.659
```

9.3.3 案例实现

案例实现代码如下：

```dart
void main(List<String> args) {
  print('main start...');
  _testAsyncKeyword1();
  _testAsyncKeyword2();
  _testAsyncKeyword3();
  _testAsyncKeyword4();
  print('main end.');
}

Future<String> _testString() async {
  Future f = Future.delayed(Duration(seconds: 1), () => "我是测试字符串===1");
  String result = await f; // 等待 1 s 获取 f 的值
  print("我是测试字符串===2");
  return result;
}

_testAsyncKeyword1() {
  print("_testAsyncKeyword1() 开始了: ${DateTime.now()}");
  _testString().then((value) => print(value));
  print("_testAsyncKeyword1() 结束了: ${DateTime.now()}");
```

```
  }

  _testAsyncKeyword2() async {
    print("_testAsyncKeyword2() 开始了: ${DateTime.now()}");
    print(await _testString());  // 等待完成后才能执行后面语句
    print("_testAsyncKeyword2() 结束了: ${DateTime.now()}");
  }

  _testAsyncKeyword3() {
    print("_testAsyncKeyword3() 开始了: ${DateTime.now()}");
    firstString().then((value) => print(value));
    secondString().then((value) => print(value));
    thirdString().then((value) => print(value));
    print("_testAsyncKeyword3() 结束了: ${DateTime.now()}");
  }

  _testAsyncKeyword4() async {
    print("_testAsyncKeyword4() 开始了: ${DateTime.now()}");
    print(await firstString());
    print(await secondString());
    print(await thirdString());
    print("_testAsyncKeyword4() 结束了: ${DateTime.now()}");
  }

Future<String> firstString() {
  return Future.delayed(Duration(milliseconds: 300), () {
    return "我是第一个字符串";
  });
}

Future<String> secondString() {
  return Future.delayed(Duration(milliseconds: 200), () {
    return "我是第二个字符串";
  });
}

Future<String> thirdString() {
  return Future.delayed(Duration(milliseconds: 100), () {
    return "我是第三个字符串";
  });
}
```

9.3.4 知识要点

（1）在 Dart 中可以通过 async 和 await 进行异步操作，async 表示开启一个异步操作，可以返回一个 Future 结果。如果没有返回值，则默认返回一个返回值为 null 的 Future。

（2）await 操作不会影响方法外后续代码的执行，只会阻塞 async 方法的后续代码。例如，在本案例 _testAsyncKeyword1() 函数中，当执行到 _testString() 方法时，会同步进入方法内部执行，当执行到 await 时就会停止 async 方法内部的执行，从而继续执行 _testAsyncKeyword1() 中的代码。await 返回后会继续从 await 位置向后执行。

（3）_testAsyncKeyword2() 函数本身内部就有一个 await 操作，当执行到 await 时就会停止该函数内部代码的执行，并等待 _testString() 函数返回结果后再继续执行。而 _testString() 函数内部也有一个 await 操作，当执行到 await 时就会停止该函数内部的执行，等待 300 ms，直到 Future 有结果后打印"我是测试字符串 ===2"，然后继续执行 _testAsyncKeyword2() 函数，打印"我是测试字符串 ===1"后结束。

9.4 案例：Stream 异步

9.4.1 案例描述

设计一个案例，演示利用 Stream 类实现异步的原理和方法。

9.4.2 实现效果

案例实现效果如下：

```
test_periodic start...
test_periodic end.
test_fromFutures start...
test_fromFutures end.
test_value: false
test_fromFutures async task1
test_fromFutures async task2
test_streamController: 0
test_streamController: 1
test_periodic: 4
test_streamController: 2
test_periodic: 9
test_periodic: 16
test_periodic: onDone
```

9.4.3 案例实现

案例实现代码如下：

```
import 'dart:io';
import 'dart:async';

void main(List<String> args) {
  test_periodic();         // 测试利用 Stream<int>.periodic() 构造函数创建对象
  test_fromFutures();      // 测试利用 Stream<String>.fromFutures() 构造函数创建对象
  test_value();            // 测试利用 Stream<bool>.value() 构造函数创建对象
  test_streamController(); // 测试利用 StreamController 对象控制流对象
}
```

```
int callback(int value) => value * value; //定义函数
//Stream 类有九个构造方法,下面演示部分构造方法的使用
//1. 测试利用 Stream<int>.periodic() 构造函数创建对象
test_periodic() async {
  print('test_periodic start...');
  // 使用 periodic 创建流,第一个参数为间隔时间,第二个参数为回调函数
  var stream =
      Stream<int>.periodic(const Duration(seconds: 1), callback); //创建流对象

  stream = stream.take(5); // 当放入 5 个元素后,监听停止,Stream 关闭
  stream = stream.skip(2); // 表示从 Stream 中跳过前两个元素
  // stream.forEach(print); //监听并打印流中所有数据

  /** 可以利用以下代码监听并打印数据 */
  stream.listen(
    (x) => print('test_periodic: $x'), //打印流中的数据
    onError: (e) => print(e), //发生错误时,打印错误事件
    onDone: () => print("test_periodic: onDone"), //执行完成时打印的信息
  );

  /** 也可以利用 await for 循环监听并从流中读取数据 */
  // await for (var i in stream) {
  //   print(i);
  // }

  print('test_periodic end.');
}

//2. 测试利用 Stream<String>.fromFutures() 构造函数创建对象
test_fromFutures() async {
  print("test_fromFutures start...");
  Future<String> fut1 = Future(() {
    // 模拟耗时 5 s
    sleep(Duration(seconds: 5)); //睡眠 5 s,sleep() 函数属于 dart:io 库
    return "test_fromFutures async task1";
  });
  Future<String> fut2 = Future(() => "test_fromFutures async task2");

  // 将多个 Future 放入一个列表中,将该列表传入
  Stream<String> stream = Stream<String>.fromFutures([fut1, fut2]);
  stream.forEach(print); //监听并打印流中的数据

  /** 可以使用以下代码监听并打印流中的数据 */
  // await for (var s in stream) {
  //   print(s);
  // }
  print("test_fromFutures end.");
}
```

```
//3. 测试利用 Stream<bool>.value() 构造函数创建对象
test_value() async {
  Stream<bool> stream = Stream<bool>.value(false);
  // await for 循环从流中读取
  await for (var x in stream) {
    print('test_value: $x');
  }
}

//4. 测试利用 StreamController 对象控制流对象
test_streamController() async {
  Stream<int> stream = Stream<int>.periodic(Duration(seconds: 1), (e) => e);
  stream = stream.take(3);
  StreamController sc = StreamController();
  // 将 Stream 传入
  sc.addStream(stream);
  // 监听
  sc.stream.listen(
    (x) => print('test_streamController: $x'),
    onError: (e) => print(e),
    onDone: () => print("test_streamController: onDone"),
  );
}
```

9.4.4 知识要点

（1）Stream 类是 Dart 语言中的异步数据队列，它就像一个传送带，可以将物品从一侧自动运送到另一侧，如果在另一侧设置了监听，当物品到达末端时，就可以触发相应的响应事件。

（2）Stream 是一系列异步事件的源，提供了一种接收事件序列的方式，每个事件要么是数据事件（又称 Stream 元素），要么是错误事件（发生故障时的通知）。当 Stream 发出所有事件后，单个 done 事件将通知监听器已完成。

（3）Stream 有两种类型：点对点的单订阅流（single-subscription）和广播流。单订阅流的特点是只允许存在一个监听器，即使该监听器被取消也不允许注册新的监听器。

（4）创建 Stream。Stream 类有九个构造方法，其中有一个是构造广播流，其余都是构造单订阅流。Stream 类的九个构造方法如下：

◆ Stream.empty()，用于创建空的广播流。
◆ (new) Stream<dynamic> Stream.error(Object error, [StackTrace? stackTrace])，用于创建在完成之前发出单个错误事件的流。
◆ (new) Stream<Object?> Stream.eventTransformed(Stream<dynamic> source, EventSink<dynamic> Function(EventSink<Object?>) mapSink)，用于创建一个流，其中现有流的所有事件都通过接收器转换进行管道传输。
◆ (new) Stream<dynamic> Stream.fromFuture(Future<dynamic> future)，由一个 Future 对象创建新的单个订阅流。

- (new) Stream<dynamic> Stream.fromFutures(Iterable<Future<dynamic>> futures)，由一组 Future 对象创建新的单个订阅流。
- (new) Stream<dynamic> Stream.fromIterable(Iterable<dynamic> elements)，基于 elements 数据创建一个单订阅流。
- (new) Stream<Object?> Stream.multi(void Function(MultiStreamController <Object?>) onListen, {bool isBroadcast = false})，用于创建多订阅流。
- (new) Stream<dynamic> Stream.periodic(Duration period, [dynamic Function(int)? computation])，用于创建间隔一定时间重复发射事件的流。
- (new) Stream<dynamic> Stream.value(dynamic value)，用于创建在关闭前发出单个数据事件的流。

（5）Stream 类的 listen 方法。用于监听 stream，方法原型如下：

```
StreamSubscription<int> listen(
  void Function(int)? onData, {   // 回调函数的参数是 Stream 事件发出的值
  Function? onError, // 来自 Stream 的错误
  void Function()? onDone, //stream 关闭并发送完成事件时调用此函数
  bool? cancelOnError, // 在 stream 传递第一个错误事件时是否自动取消订阅
})
```

该方法提供了四个参数：
- onData：必选参数，回调函数，回调函数的参数是 Stream 事件发出的值。
- onError：可选参数，回调函数，来自 Stream 的错误。回调函数类型必须是 void onError(error) 或 void onError (error, StackTrace stackTrace)，该函数的两个参数一个是错误对象，另一个是可选的堆栈跟踪信息。如果省略此函数且 stream 发生错误，则会将错误信息向外传递。
- onDone：可选参数，回调函数，当此 stream 关闭并发送完成事件时，将调用此回调函数。
- cancelOnError：可选参数，布尔类型，默认值为 false。如果值为 true，则在 stream 传递第一个错误事件时自动取消订阅。

listen 方法返回用于访问 Stream 中的事件对象 StreamSubscription，该对象保留上述处理事件的回调函数，还可以发出取消访问事件和临时暂停 stream 中的事件。

（6）Stream 和 Future 的区别：
- Future 在异步操作完成时提供单个结果、错误或者值，而 Stream 可以提供多个结果。
- Future 使用 then、catchError、whenComplete 方法获取或处理结果，而 Stream 则只需通过 listen（监听）即可处理所有值。
- Future 发送和接收相同的值，而 Stream 可以使用辅助方法在值到达前进行处理。

9.5 案例：StreamController 异步

9.5.1 案例描述

设计一个案例，演示利用 StreamController 类实现异步的原理和方法。

9.5.2 实现效果

案例实现效果如下：

```
main start...
main end.
data is Item1
data is Item2
error happen: something wrong here!
data is Item3
error happen: something wrong here!
data is Item4
Mission complete!
```

9.5.3 案例实现

案例实现代码如下：

```dart
import 'dart:async';

void main(List<String> args) {
  print('main start...');

  // 初始化StreamController
  final StreamController controller = StreamController();

  // 设置Stream的监听器
  controller.stream.listen(
    (data) => print('data is $data'),
    onError: (err) => print('error happen: $err'),
    onDone: () => print('Mission complete!'),
  );

  controller.sink.add("Item1"); // 向Stream中添加数据
  controller.sink.add("Item2"); // 向Stream中添加数据
  controller.sink.addError('something wrong here!'); // 向Stream中添加error信息
  controller.sink.add("Item3"); // 向Stream中添加数据
  controller.sink.addError('something wrong here!'); // 向Stream中添加error信息
  controller.add('Item4'); // 可以直接使用SreamController对象添加数据

  // 关闭StreamController，释放资源
  controller.close();

  print('main end.');
}
```

9.5.4 知识要点

（1）StreamController就如同一个管道，在这个管道中封装了一个Stream，并提供了两个

接口来操作 Stream。分别是：

sink：从 Stream 中的一端插入数据；

stream：从 Stream 的另一外弹出数据。

StreamController 结构如图 9.1 所示。

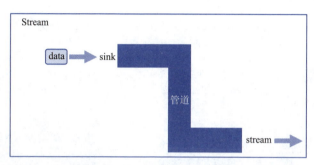

图 9.1　StreamController 结构

（2）StreamController 类的构造函数及参数说明如下：

```
(new) StreamController<dynamic> StreamController({
  void Function()? onListen, // 监听 stream 时调用的回调函数
  void Function()? onPause, // stream 暂停时调用的回调函数
  void Function()? onResume, // stream 恢复时调用的回调函数
  FutureOr<void> Function()? onCancel, // 取消 stream 时调用的回调函数
  bool sync = false, // 同步 stream 标记
})
```

（3）StreamController 类的常用属性见表 9.1。

表 9.1　StreamController 类的常用属性

属 性 名	类 型	功 能 说 明
done	Future	当流控制器发送完事件时返回的 Future 对象
hasListener	bool	流上是否有订阅
isClosed	bool	是否关闭流控制器以添加更多事件
isPaused	bool	订阅是否需要缓冲事件

（4）StreamController 类的常用方法见表 9.2。

表 9.2　StreamController 类的常用方法

方 法 头	说 明
void add(T event)	发送一个数据事件
void addError(Object error, [StackTrace? stackTrace])	发送错误事件或使其排队
Future addStream(Stream<T> source, {bool? cancelOnError})	从 source 中接收事件并把它们添加到控制器流中
Future close()	关闭流

9.6 案例：Stream 和 StreamController 综合应用

9.6.1 案例描述

设计一个案例，演示综合利用 Stream 和 StreamController 实现异步的原理和方法。

9.6.2 实现效果

案例实现代码如下：

```
main start...
createStream 开始执行
main end.
来自 createStream 的值: 1
来自 createStream 的值: 2
来自 createStream 的值: 3
来自 createStream 的值: 4
来自 createStream 的值: 5
来自 createStream 的值: 6
来自 createStream 的值: 7
来自 createStream 的值: 8
来自 createStream 的值: 9
来自 createStream 的值: 10
createStream 结束执行
```

9.6.3 案例实现

案例实现代码如下：

```dart
import 'dart:async';

void main(List<String> args) async {
  print('main start...');
  // 接收返回的 stream 对象，时间间隔为 1 s，最大值为 10
  Stream<int> stream = createStream(const Duration(seconds: 1), 10);
  // 监听 stream
  stream.listen((int value) => print('来自 createStream 的值: $value'));
  print('main end.');
}

// 用于返回 stream 对象，stream 又称流
Stream<int> createStream(Duration interval, int maxCount) {
  late StreamController<int> controller; // 定义流控制器
  late Timer timer; // 定义定时器
  int counter = 0; // 计数变量

  void tick(_) {
```

```
      counter++;
      controller.add(counter); //将 counter 的值作为事件发送给 stream
      //判断计数变量是否达到最大值
      if (counter == maxCount) {
        timer.cancel(); //终止计时器
        controller.close(); //关闭 stream 并通知监听器
      }
    }

    //启动计时器
    void startTimer() {
      print('createStream 开始执行');
      timer = Timer.periodic(interval, tick); //interval 是调用 tick()函数的时间间隔
    }

    //终止计时器
    void stopTimer() {
      timer.cancel();
      print('createStream 结束执行');
    }

    //创建流控制器
    controller = StreamController<int>(
      onListen: startTimer,
      onPause: stopTimer,
      onResume: startTimer,
      onCancel: stopTimer,
    );

    return controller.stream; //返回流
}
```

9.6.4 知识要点

（1）Duration 类是 dart:core 库中的一个类，表示从一个时间点到另一个时间点的时差。该类的唯一构造函数如下：

```
Duration Duration({
  int days = 0,      //天数
  int hours = 0,     //小时数
  int minutes = 0,   //分钟数
  int seconds = 0,   //秒数
  int milliseconds = 0,  //毫秒数
  int microseconds = 0,  //微秒数
})
```

使用以上构造函数可以创建对象，并使用类的属性获取对象信息，如：

```
const fastestMarathon = Duration(hours: 2, minutes: 3, seconds: 2);
```

```
print(fastestMarathon.inDays); // 0
print(fastestMarathon.inHours); // 2
print(fastestMarathon.inMinutes); // 123
print(fastestMarathon.inSeconds); // 7382
print(fastestMarathon.inMilliseconds); // 7382000
```

如果时间从后向前计算，Duration 对象可以是负数，如：

```
const overDayAgo = Duration(days: -1, hours: -10);
print(overDayAgo.inDays); // -1
print(overDayAgo.inHours); // -34
print(overDayAgo.inMinutes); // -2040
```

可以使用其中一个属性（如 [inDays]）检索指定时间单位中持续时间的整数值。请注意，返回值向下舍入。例如：

```
const aLongWeekend = Duration(hours: 88);
print(aLongWeekend.inDays); // 3
```

此类提供了一组算术运算符和比较运算符，以及一组用于转换时间单位的常数。例如：

```
const firstHalf = Duration(minutes: 45); // 00:45:00.000000
const secondHalf = Duration(minutes: 45); // 00:45:00.000000
const overTime = Duration(minutes: 30); // 00:30:00.000000
final maxGameTime = firstHalf + secondHalf + overTime;
print(maxGameTime.inMinutes); // 120

// firstHalf 和 secondHalf 持续时间相同，因此返回 0
var result = firstHalf.compareTo(secondHalf);
print(result); // 0

// overTime 比 firstHalf 的持续时间短，因此返回 -1
result = overTime.compareTo(firstHalf);
print(result); // -1

// secondHalf 比 overTime 持续时间长，因此返回 1
result = secondHalf.compareTo(overTime);
print(result); // 1
```

（2）Timer 倒计时器类属于 dart:async 库，可配置为触发一次或多次。Timer.periodic 命名构造函数用于创建一个重复的计时器，函数如下：

```
(new) Timer Timer.periodic(Duration duration, void Function(Timer) callback)
```

它有两个参数，第一个表示持续时间，第二个是回调函数，该回调函数接收一个 Timer 类型的参数。计时器从指定的持续时间倒计时到 0，当计时器达到 0 时，计时器将调用指定的回调函数 callback。例如：

```
var counter = 3;
Timer.periodic(const Duration(seconds: 2), (timer) {
  // timer.tick 表示最新计时器事件之前的持续时间数,该值从零开始,
  // 并在每次发生计时器事件时递增,因此每个回调将看到比前一个更大的值
  print(timer.tick);
  counter--;
  if (counter == 0) {
    print('Cancel timer');
    timer.cancel();
  }
});
```

以上代码的运行结果如下:

```
1
2
3
Cancel timer
```

9.7 案例:生成器

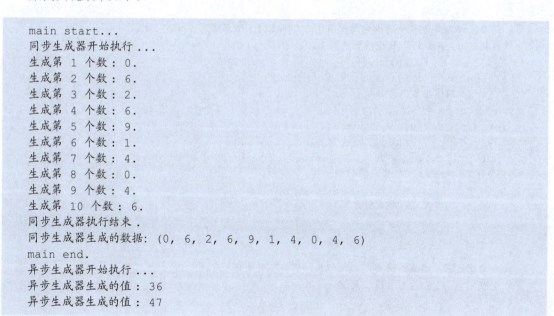

视频

生成器

9.7.1 案例描述

设计一个案例,演示同步生成器和异步生成器的功能和实现方法。

9.7.2 实现效果

案例实现效果如下:

```
main start...
同步生成器开始执行...
生成第 1 个数:0.
生成第 2 个数:6.
生成第 3 个数:2.
生成第 4 个数:6.
生成第 5 个数:9.
生成第 6 个数:1.
生成第 7 个数:4.
生成第 8 个数:0.
生成第 9 个数:4.
生成第 10 个数:6.
同步生成器执行结束.
同步生成器生成的数据:(0, 6, 2, 6, 9, 1, 4, 0, 4, 6)
main end.
异步生成器开始执行...
异步生成器生成的值:36
异步生成器生成的值:47
```

```
异步生成器生成的值：2
异步生成器生成的值：54
异步生成器生成的值：48
异步生成器生成的值：26
异步生成器生成的值：83
异步生成器生成的值：15
异步生成器生成的值：72
异步生成器生成的值：11
异步生成器执行结束．
```

9.7.3 案例实现

案例实现代码如下：

```
import 'dart:math';

void main(List<String> args) {
  print('main start...');
  //同步生成器
  Iterable<int> numbers = getIterable(10); //将生成的10个值序列传递给Iterable对象
  print('同步生成器生成的数据: $numbers');

  //异步生成器
  Stream<int> stream = getStream(10); //将生成的值序列传递给Stream对象
  //监听stream
  stream.listen((int value) => print('异步生成器生成的值：$value'));

  print('main end.');
}

/**
 * 同步生成器：要实现同步生成器功能，需将函数主体标记为sync*,
 * 并使用yield语句传递值到序列Iterable
 */
Iterable<int> getIterable(int number) sync* {
  print('同步生成器开始执行...');
  var random = Random();
  for (int i = 0; i < number; i++) {
    var temp = random.nextInt(10);
    print('生成第 ${i + 1} 个数：$temp.');
    yield temp; //生成随机数序列
  }
  print('同步生成器执行结束.');
}

/**
 * 异步生成器：要实现异步生成器函数，需将函数主体标记为 async*,
 * 并使用yield语句传递值到stream
 */
```

```
Stream<int> getStream(int number) async* {
  print('异步生成器开始执行...');
  var random = Random();
  for (int i = 0; i < number; i++) {
    yield random.nextInt(100);  //生成随机数序列
  }
  print('异步生成器执行结束.');
}
```

9.7.4 知识要点

（1）生成器就是一个能够持续产生某些数据的函数，也称 generator。传统函数只会返回单个值，生成器能够生成值的序列。生成器可以同步返回 Iterable 对象，或异步返回 Stream 对象。

（2）生成器利用关键字 yield 返回单个值到序列。生成器按需生成值，当开始迭代或者开始监听时才生成值。

（3）同步生成器。要建立同步生成器，需将函数主体标记为 sync*，并使用 yield 语句传递值到 Iterable 对象。

（4）异步生成器。要建立异步生成器，需将函数主体标记为 async*，并使用 yield 语句传递值到 Stream 对象。

9.8 案例：读文件

9.8.1 案例描述

设计一个案例，演示分别以字符形式、以行的形式、以字节形式和以流的形式读取文件的实现方法。

9.8.2 实现效果

案例实现效果如下：

```
以字符串的形式读取文件...
文件内容的字符长度: 151
以字符形式读取的文件内容: // print('以字符串的形式读取文件...');

// contents = await file.readAsString();

// print('文件内容的字符长度: ${contents.length}');

// print('以字符形式读取的文件内容: \n$contents');

以行的形式读取文件...
文件内容的行数 4
以行的形式读取的文件内容: [// print('以字符串的形式读取文件...');, // contents = await file.readAsString();, // print('文件内容的字符长度: ${contents.length}');, // print('以字符形式读取的文件内容: \n$contents');]
```

```
以字节形式读取文件...
文件内容的字节长度为: 219
以字节形式读取的文件内容: [47, 47, 32, 112, 114, 105, 110, 116, 40, 39, 228, 187,
165, 229, 173, 151, 231, 172, 166, 228, 184, 178, 231, 154, 132, 229, 189, 162,
229, 188, 143, 232, 175, 187, 229, 143, 150, 230, 150, 135, 228, 187, 182, 46,
46, 46, 39, 41, 59, 13, 10, 47, 47, 32, 99, 111, 110, 116, 101, 110, 116, 115,
32, 61, 32, 97, 119, 97, 105, 116, 32, 102, 105, 108, 101, 46, 114, 101, 97, 100,
65, 115, 83, 116, 114, 105, 110, 103, 40, 41, 59, 13, 10, 47, 47, 32, 112, 114,
105, 110, 116, 40, 39, 230, 150, 135, 228, 187, 182, 229, 134, 133, 229, 174, 185,
231, 154, 132, 229, 173, 151, 231, 172, 166, 233, 149, 191, 229, 186, 166, 239,
188, 154, 36, 123, 99, 111, 110, 116, 101, 110, 116, 115, 46, 108, 101, 110, 103,
116, 104, 125, 39, 41, 59, 13, 10, 47, 47, 32, 112, 114, 105, 110, 116, 40, 39, 228,
187, 165, 229, 173, 151, 231, 172, 166, 229, 189, 162, 229, 188, 143, 232, 175, 187,
229, 143, 150, 231, 154, 132, 229, 189, 162, 229, 188, 143, 232, 175, 187, 229, 143,
150, 231, 154, 132, 229, 143, 150, 231, 154, 132, 229, 143, 150, 231, 154, 132, 133,
229, 174, 185, 239, 188, 154, 92, 110, 36, 99, 111, 110, 116, 101, 110, 116, 115,
39, 41, 59]

以流的形式读取文件...
以流形式读取的文件内容:
// print('以字符串的形式读取文件...');
// contents = await file.readAsString();
// print('文件内容的字符长度: ${contents.length}');
// print('以字符形式读取的文件内容: \n$contents');
```

9.8.3 案例实现

案例实现代码如下:

```dart
import 'dart:io'; //加载输入输出库
import 'dart:convert'; //加载转换库

Future<void> main() async {
  var file = File('file.txt');
  var contents;
  try {
    // 将整个文件的内容放在单个字符串中
    print('以字符串的形式读取文件...');
    contents = await file.readAsString();
    print('文件内容的字符长度: ${contents.length}');
    print('以字符形式读取的文件内容: $contents');

    // 将文件内容以行作为分割，拆分成多个字符串
    print('\n以行的形式读取文件...');
    contents = await file.readAsLines();
    print('文件内容的行数${contents.length}');
    print('以行的形式读取的文件内容: $contents');

    // 将文件内容以字节的形式读取
```

```
      print('\n以字节形式读取文件...');
      contents = await file.readAsBytes();
      print('文件内容的字节长度为: ${contents.length}');
      print('以字节形式读取的文件内容: $contents');

      // 将文件以流的形式读取
      print('\n以流的形式读取文件...');
      Stream<List<int>> inputStream = file.openRead();
      var lines = utf8.decoder.bind(inputStream).transform(LineSplitter());
      print('以流形式读取的文件内容: ');
      lines.forEach(print);
      // await for (var line in lines) {
      //    print(line);
      // }
    } catch (e) {
      print(e);
    }
  }
```

9.8.4 知识要点

（1）dart:io 库。同步方法很容易阻塞应用程序，因此难以扩展。dart:io 库提供了处理文件、目录、进程、sockets、WebSocket、HTTP 客户端和服务器端的异步 API，并返回 Future 或 Stream 处理结果。

（2）文件处理。通过 dart:io 库 API 可以读取和写入文件及浏览目录。读取文件的方式有两种：一次全部读取和流式传输。一次读取一个文件需要足够的内存，如果文件很大或者想在读取文件时对其进行处理，则最好采用流式传输方式。

（3）File 类的构造方法和常用读文件方法如下：

- File File(String path)。默认构造函数，创建 File（文件）对象，如果 path 是相对路径，则在使用时相对当前的工作目录；如果 path 是绝对路径，则与当前工作目录无关。
- File File.fromUri(Uri uri)。命名构造函数，基于 uri 对象创建一个 File 对象。
- Stream<List<int>> openRead([int? start, int? end])。为文件创建一个新的独立的 Stream。如果给 start 和 end 赋值，则从 start 位置开始读取文件，读取到 end 位置结束，否则从头到尾读取整个文件。为了确保释放系统资源，必须将流读取完整，否则必须取消对流的订阅。
- Future<String> readAsString({Encoding encoding = utf8})。使用给定的 encoding 以字符串形式读取整个文件内容，返回一个以字符串结尾的 Future<String>。
- Future<List<String>> readAsLines({Encoding encoding = utf8})。使用给定的 encoding 以行读取整个文件的内容，返回一个 Future<List<String>>。
- Future<Uint8List> readAsBytes()。以字节列表的形式读取整个文件的内容，返回 Future <Uint8List>。

（4）工作目录是指当前编辑器打开的目录，如图 9.2 中三个图的工作路径分别是 CODE、CH09 和 EX908-FILE-READ。

图 9.2 工作路径

（5）以文本形式读取文件。读取 UTF-8 编码的文本文件时，可以使用 readAsString() 读取整个文件内容。当各行很重要时，可以使用 readAsLines()。在这两种情况下，都将返回一个 Future 对象，该对象以一个或多个字符串的形式提供文件的内容。

（6）以二进制形式读取文件。利用 readAsBytes() 方法将整个文件作为字节读取到字节列表中，该方法返回一个 Future 对象。为了捕获错误，以免导致未捕获的异常，可以在 Future 上注册 catchError 处理程序，或在异步函数中使用 try...catch 块。

（7）以流的形式读取文件。可以使用 openRead() 函数读文件，利用 utf8.decoder 进行解码，利用函数 Stream<String> bind(Stream<List<int>> stream) 将 stream 进行转换并返回一个带有事件的新流，再利用函数 Stream<S> transform<S>(StreamTransformer<String, S> streamTransformer) 将 streamTransformer 进行转换并返回转换后的流。

9.9 案例：写文件

视频

写文件

9.9.1 案例描述

设计一个案例，演示将数据写入文件的实现方法。

9.9.2 实现效果

案例实现效果如下：

```
Read1--Write1: 2023-07-28 11:36:12.174601
Read2--Write2: 2023-07-28 11:36:12.200601
Read3--Write2: 2023-07-28 11:36:12.200601---Append1: Hello
Read4--Write2: 2023-07-28 11:36:12.200601---Append1: Hello---Append2: Hello
```

9.9.3 案例实现

案例实现代码如下：

```
import 'dart:io';
```

```dart
void main(List<String> args) async {
  var file = File('log.txt'); // 创建文件
  var sink = file.openWrite(); // 以写的方式打开文件
  sink.write('Write1: ${DateTime.now()}'); // 将数据写入缓冲区
  await sink.flush(); // 将缓冲区中的数据立刻写入文件,同时清空缓冲区,返回Future
  await sink.close(); // 关闭缓冲区

  var contents = await file.readAsString(); // 将文件以字符串形式读出
  print('Read1--$contents'); // 打印文件中的内容

  sink = file.openWrite(); // 再次以写的方式打开文件
  sink.write('Write2: ${DateTime.now()}'); // 将数据写入缓冲区
  await sink.flush(); // 将缓冲区中的数据立刻写入文件,同时清空缓冲区,返回Future
  await sink.close(); // 关闭缓冲区

  contents = await file.readAsString(); // 将文件以字符串形式读出
  print('Read2--$contents'); // 打印文件中的内容

  sink = file.openWrite(mode: FileMode.append); // 以追加方式打开文件
  sink.write('---Append1: Hello'); // 将内容追加到缓存中文件结尾处
  await sink.flush(); // 将缓冲区中的数据立刻写入文件,同时清空缓冲区,返回Future
  await sink.close(); // 关闭缓冲区

  contents = await file.readAsString(); // 将文件以字符串形式读出
  print('Read3--$contents'); // 第 三 次读取的文件内容

  sink = file.openWrite(mode: FileMode.append); // 以追加方式打开文件
  sink.write('---Append2: Hello'); // 将内容追加到缓存中文件结尾处
  await sink.flush(); // 将缓冲区中的数据立刻写入文件,同时清空缓冲区,返回Future
  await sink.close(); // 关闭缓冲区

  contents = await file.readAsString(); // 将文件以字符串形式读出
  print('Read4--$contents'); // 第 四 次读取的文件内容
}
```

9.9.4 知识要点

(1) openWrite 方法。File 类 的 IOSink openWrite({FileMode mode = FileMode.write, Encoding encoding = utf8}) 方法可以为文件创建一个新的独立 IOSink。该方法有两个参数：FileMode 类型的 mode 参数表示文件操作模式，它支持 FileMode.write 和 FileMode.append 两种模式。其中 FileMode.write 是写入模式，也是默认模式，将初始写入位置设置为文件的开头；FileMode.append 是追加模式，将初始写入位置设置为文件的末尾。

(2) IOSink 类。该类可以将数据写入文件，当不再使用时必须关闭，以释放系统资源。其构造方法和常用函数如下：

✧ IOSink (StreamConsumer <List <int >> target, {Encoding encoding: utf8})。构造函数，创建一个 IOSink 对象，StreamConsumer 类型参数 target 是 "接收器" 的抽象接口，用户可以使用 addStream 接收多个连续的流。当不需要添加更多数据时，利用 close 方

法关闭。
- void add(List<int> data)。将字节类型数据添加到流中。
- Future<dynamic> close()。关闭流。
- Future<dynamic> flush()。将缓冲区中的数据立刻写入文件,同时清空缓冲区并返回 Future。
- void write(Object? object)。利用 Object.toString() 方法将 object 转换为 String,并将结果编码写入流。
- void writeAll(Iterable<dynamic> objects, [String separator = ""])。遍历给定的 objects 并按顺序写入流。可选参数 separator 是指 objects 之间的分隔符。

9.10 案例:目录操作

9.10.1 案例描述

设计一个案例,显示当前工作目录及其子目录下的所有文件夹和文件。

9.10.2 实现效果

如果在 VS Code 编辑器中打开的文件夹是 d:\2023-Dart\code,且将代码语句 var dirList = dir.list(recursive: false) 中 list 函数的参数 recursive 设置为 false,则案例的实现效果如下:

```
相对路径 : Directory("") = Directory: ''
绝对路径 : Directory.current = Directory: 'd:\2023-Dart\code'
发现目录 : .\ch01
发现目录 : .\ch02
发现目录 : .\ch03
发现目录 : .\ch04
发现目录 : .\ch05
发现目录 : .\ch06
发现目录 : .\ch07
发现目录 : .\ch08
发现目录 : .\ch09
发现文件 : .\test.dart
```

如果在 VS Code 编辑器中打开的文件夹是 d:\2023-Dart\code\ch09,且将代码语句 var dirList = dir.list(recursive: true) 中 list 函数的参数 recursive 设置为 true,则案例的实现效果如下:

```
相对路径 : Directory('') = Directory: ''
绝对路径 : Directory.current = Directory: 'd:\2023-Dart\code\ch09'
发现文件 : .\ex901-async-future.dart
发现文件 : .\ex902-async-await.dart
发现文件 : .\ex903-async-await2.dart
发现文件 : .\ex904-async-stream.dart
发现文件 : .\ex905-async-streamController.dart
发现文件 : .\ex906-async-streamAndController.dart
```

```
发现文件 : .\ex907-async-iterable.dart
发现目录 : .\ex908-file-read
发现文件 : .\ex908-file-read\ex908-file-read.dart
发现目录 : .\ex909-file-write
发现文件 : .\ex909-file-write\ex909-file-write.dart
发现目录 : .\ex910-file-directory
发现文件 : .\ex910-file-directory\ex910-file-directory.dart
发现文件 : .\file.txt
发现文件 : .\log.txt
```

9.10.3 案例实现

案例实现代码如下:

```dart
import 'dart:io';

void main(List<String> args) async {
  var dir = Directory(''); // 当前工作路径（相对路径）
  print("相对路径: Directory('') = $dir"); //Directory: ''
  print('绝对路径: Directory.current = ${Directory.current}'); // 当前工作路径(绝对)
  try {
    var dirList = dir.list(); // 工作路径下的文件和文件夹
    // var dirList = dir.list(recursive: true); // 当前工作路径及其子路径下的文件和文件夹
    await for (FileSystemEntity f in dirList) {
      if (f is File) {
        print('发现文件 : ${f.path}');
      } else if (f is Directory) {
        print('发现目录 : ${f.path}');
      }
    }
  } catch (e) {
    print(e.toString());
  }
}
```

9.10.4 知识要点

Directory 类属于 dart:io 库中的目录管理类，其构造方法和常用方法如下:

（1）Directory Directory(String path)：创建一个 Directory（目录）对象。如果 path 是相对路径，则对应当前工作目录；如果 path 是绝对路径，则与当前工作目录无关。

（2）Stream<FileSystemEntity> list({bool recursive = false, bool followLinks = true})：列出工作路径下的文件夹和文件。如果可选参数 recursive 为 true，表示递归到子目录，即可以列出工作路径及其子目录下的所有文件夹和文件。如果参数 followLinks 为 false，则找到的任何符号链接都将报告为 Link 对象，而不是目录或文件，并且不会递归到子目录；如果 followLinks 为 true，则工作链接将根据它们指向的内容报告为目录或文件，并且指向目录的链接将递归到子目录。该函数返回用于目录、文件和链接的 FileSystemEntiy 对象流。

（3）Directory.current：表示当前工作目录（绝对路径）。

习 题 9

1. 同步是指在调用函数时，只有等被调函数执行完成并返回结果后主程序才向后执行。
（   ）
   A．正确　　　　　　　　　　　　　B．错误
2. 异步是指在调用函数时，"调用"指令发出后，主程序继续向后执行，被调函数执行完成后再将结果返回主程序。（   ）
   A．正确　　　　　　　　　　　　　B．错误
3. 如果在函数中使用了 await 关键字，可以将函数标记为 async 类型，也可以不用标记。
（   ）
   A．正确　　　　　　　　　　　　　B．错误
4. Dart 库中的 Future 和 Stream 类型的函数都是异步函数，它们在执行可能耗时的操作（如 I/O）时直接返回，无须等待执行完成。（   ）
   A．正确　　　　　　　　　　　　　B．错误
5. 使用 async 标记的函数为异步函数，异步函数会自动将返回值包装成 Future。（   ）
   A．正确　　　　　　　　　　　　　B．错误
6. 处理 Future 对象的方法不包括（　　）。
   A．then　　　　　　　　　　　　　B．catchError
   C．tryError　　　　　　　　　　　D．whenComplete
7. 当异步操作成功时执行 Future 类的（　　）方法，该方法的参数为回调函数，回调函数的参数为异步操作的返回值。
   A．then　　　　　　　　　　　　　B．catchError
   C．tryError　　　　　　　　　　　D．whenComplete
8. 当异步操作失败时执行 Future 类的（　　）方法，该方法的参数为回调函数，回调函数的参数为捕获的异常。
   A．then　　　　　　　　　　　　　B．catchError
   C．tryError　　　　　　　　　　　D．whenComplete
9. 当异步操作完成时，无论执行成功还是失败，最后都会执行 Future 类的（　　）方法，该方法接收一个无参回调函数。
   A．then　　　　　　　　　　　　　B．catchError
   C．tryError　　　　　　　　　　　D．whenComplete
10. 在 async 方法中可以有多个 await 表达式，也可以没有 await 表达式。（   ）
    A．正确　　　　　　　　　　　　　B．错误
11. await 表达式的值通常是 Future 类型，如果不是，则该值将自动包装在 Future 中。（   ）
    A．正确　　　　　　　　　　　　　B．错误
12. await 操作不会影响方法外后续代码的执行，只会阻塞 async 方法的后续代码。（   ）
    A．正确　　　　　　　　　　　　　B．错误
13. Stream 单订阅流只允许存在一个监听器，即使该监听器被取消也不允许注册新的监

听器。（　　）
   A．正确　　　　　　　　　　　　B．错误
14．Future 在异步操作完成时提供多个结果、错误或者值，而 Stream 只提供单个结果。
（　　）
   A．正确　　　　　　　　　　　　B．错误
15．生成器是（　　）
   A．变量　　　　B．函数　　　　C．类　　　　D．接口
16．要实现同步生成器功能，需将函数主体标记为（　　）关键字。
   A．yield　　　　B．Iterable　　　C．async*　　　D．sync*
17．要实现同步生成器功能，需要使用（　　）语句传递值到序列。
   A．yield　　　　B．Iterable　　　C．async*　　　D．sync*
18．要实现同步生成器功能，需要将生成的值传递到（　　）。
   A．stream　　　B．Iterable　　　C．async*　　　D．sync*
19．要实现异步生成器函数，需将函数主体标记为（　　）。
   A．stream　　　B．Iterable　　　C．async*　　　D．sync*
20．要实现异步生成器功能，需要将生成的值传递到（　　）。
   A．stream　　　B．Iterable　　　C．async*　　　D．sync*
21．以下（　　）函数实现了以文本形式读取文件。
   A．readAsString()　　　　　　　　B．readAsBytes()
   C．openRead()　　　　　　　　　　D．bind()
22．FileMode.write 是（　　）文件操作模式。
   A．写入　　　　B．读取　　　　C．追加　　　　D．插入
23．FileMode.append 是（　　）文件操作模式。
   A．写入　　　　B．读取　　　　C．追加　　　　D．插入
24．IOSink 类中的（　　）函数用于将缓冲区中的数据立刻写入文件。
   A．add()　　　　B．close()　　　C．flush()　　　D．write()
25．以下（　　）类属于 dart:io 库中的目录管理类。
   A．File　　　　B．Stream　　　C．Future　　　D．Directory
26．Dart 中的工作目录是指当前文件所在的目录。（　　）
   A．正确　　　　　　　　　　　　B．错误
27．目录类中的函数 Stream<FileSystemEntity> list({bool recursive = false, bool followLinks = true}) 用于列出工作路径下的文件夹和文件，如果可选参数 recursive 为 true，表示递归到子目录，即可以列出工作路径及其子目录下的所有文件夹和文件。（　　）
   A．正确　　　　　　　　　　　　B．错误
28．以下代码段的运行结果是（　　）。

```
Future.delayed(Duration(seconds: 3), () => 'Async: hello')
    .then((value) => print('then: recv ${value}'))
    .catchError((e) => print('err: $e'))
    .whenComplete(() => {print('finish!')});
```

A．then: recv Async: hello

finish!

B．Async: hello

finish!

C．then: recv Async: hello

D．finish!

29．以下代码段的运行结果是（　　）。

```
Future.wait([
  Future.delayed(Duration(seconds: 3), () {
    return 'Hello';
  }),
  Future.delayed(Duration(seconds: 6), () {
    return 'World';
  })
]).then((value) => {print('Recv: $value')});
```

A．Recv:

B．Recv: HelloWorld

C．Recv: [Hello, World]

D．Recv: [Hello World]

30．以下代码段的运行结果是（　　）。

```
Stream.fromFutures([
  Future.delayed(Duration(seconds: 1), () {
    return 'result 1';
  }),
  Future.delayed(Duration(seconds: 2), () {
    throw AssertionError('sorry!');
  }),
  Future.delayed(Duration(seconds: 3), () {
    return 'result 2';
  })
]).listen((event) {
  print('listen: $event');
}, onError: (e) {
  print('err: $e');
}, onDone: () {
  print('finish!');
});
```

A．listen: result 1
　　err: Assertion failed: "sorry!"
　　finish!

B．listen: result 1
　　finish!

C．listen: result 1
　　err: Assertion failed: "sorry!"

D．listen: result 1
　　err: Assertion failed: "sorry!"
　　listen: result 2
　　finish!

31．以下代码段的运行结果是（   ）。

```
Future<void> main() async {
  countSeconds(6);
  await printOrderMessage();
}

// 倒计时
void countSeconds(int s) {
  for (var i = 1; i <= s; i++) {
    Future.delayed(Duration(seconds: i), () => print(i));
  }
}

// 延迟例子
Future<void> printOrderMessage() async {
  print('Awaiting user order...');
  var order = await fetchUserOrder();
  print('Your order is: $order');
}

Future<String> fetchUserOrder() {
  return Future.delayed(const Duration(seconds: 3), () => 'Large Latte');
}
```

A． Awaiting user order...
    1
    2
    3
    4
    5
    6
    Your order is: Large Latte

B． Awaiting user order...
    1
    2
    3
    Your order is: Large Latte
    4
    5
    6

C． 1
    2
    3
    4
    5
    6
    Awaiting user order...
    Your order is: Large Latte

D． Awaiting user order...
    Your order is: Large Latte
    1
    2
    3
    4
    5
    6

附录 习题参考答案

习题 1

题号	答案	题号	答案	题号	答案	题号	答案	题号	答案
1	A	3	A	5	B	7	A	9	A
2	B	4	B	6	A	8	B	10	A

习题 2

题号	答案	题号	答案	题号	答案	题号	答案	题号	答案
1	B	4	A	7	A	10	A	13	A
2	B	5	A	8	B	11	B	14	A
3	A	6	B	9	B	12	A	15	A

习题 3

题号	答案	题号	答案	题号	答案	题号	答案	题号	答案
1	B	6	C	11	B	16	A	21	C
2	A	7	D	12	B	17	A	22	C
3	C	8	C	13	C	18	A	23	D
4	D	9	B	14	D	19	C	24	D
5	B	10	A	15	A	20	B	25	C

习题 4

题号	答案	题号	答案	题号	答案	题号	答案	题号	答案
1	B	5	A	9	B	13	A	17	D
2	A	6	A	10	B	14	C	18	C
3	B	7	C	11	D	15	D	19	B
4	A	8	B	12	D	16	C	20	A

习 题 5

题号	答案	题号	答案	题号	答案	题号	答案	题号	答案
1	B	7	A	13	A	19	A	25	A
2	B	8	A	14	A	20	A	26	A
3	B	9	A	15	A	21	A	27	D
4	A	10	A	16	A	22	A	28	B
5	B	11	A	17	B	23	B	29	C
6	B	12	A	18	B	24	C	30	C

习 题 6

题号	答案	题号	答案	题号	答案	题号	答案	题号	答案
1	B	11	A	21	A	31	B	41	B
2	A	12	A	22	A	32	A	42	D
3	B	13	A	23	A	33	A	43	D
4	A	14	A	24	A	34	B	44	A
5	B	15	A	25	A	35	B	45	A
6	B	16	A	26	A	36	A	46	B
7	A	17	B	27	A	37	A	47	B
8	A	18	B	28	B	38	A	48	A
9	A	19	B	29	A	39	D	49	B
10	B	20	B	30	B	40	A	50	D

习 题 7

题号	答案	题号	答案	题号	答案	题号	答案	题号	答案
1	A	5	B	9	A	13	A	17	A
2	A	6	B	10	B	14	B	18	B
3	D	7	B	11	A	15	A	19	A
4	B	8	D	12	A	16	A	20	B

习 题 8

题号	答案	题号	答案	题号	答案	题号	答案	题号	答案
1	A	5	C	9	B	13	D	17	C
2	D	6	A	10	C	14	C	18	B
3	B	7	C	11	D	15	B	19	B
4	C	8	B	12	C	16	A	20	A

习 题 9

题号	答案	题号	答案	题号	答案	题号	答案	题号	答案
1	A	8	B	15	B	22	A	29	C
2	A	9	D	16	D	23	C	30	D
3	B	10	A	17	A	24	C	31	D
4	A	11	A	18	B	25	D		
5	A	12	A	19	C	26	B		
6	C	13	A	20	A	27	A		
7	A	14	B	21	A	28	A		

参 考 文 献

［1］亢少军. Dart 语言实战：基于 Flutter 框架的程序开发 [M].2 版 北京：清华大学出版社，2020.
［2］刘仕文. Dart 语言实战：基于 Angular 框架的 Web 开发 [M]. 北京：清华大学出版社，2021.
［3］布拉查. Dart 编程语言 [M]. 戴虬，译. 北京：电子工业出版社，2017.